跟柯南和川村教授
一起来做实验吧！
经常出现在电视节目上的川村教授，这次要跟柯南一起挑战空气与水的实验！想跟他们一起挑战的人，可以参照本书的内容动手做实验！
空气火箭筒
发射
轰隆——
大家也来试试看吧！

详见本书第 61 页！

扑克牌跟垫板粘在一起了！

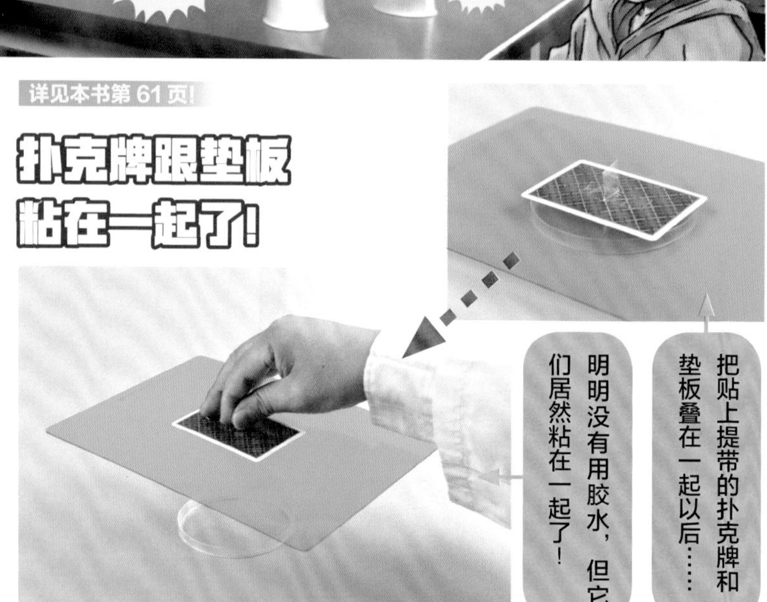

详见本书第 50 页!

试着制作空气火箭筒吧!

※ 为了让大家能够看见空气的流动，教授在拍摄这张照片时，事先使用了蚊香以便让纸箱里充满烟雾。

详见本书第 97 页!

在有硬币漂浮的水杯里滴入几滴清洁剂!

先让硬币浮在装满水的塑料杯里……

加入几滴清洁剂，就会发现硬币沉下去了！

详见本书第 96 页!

热水上升，冷水下降！

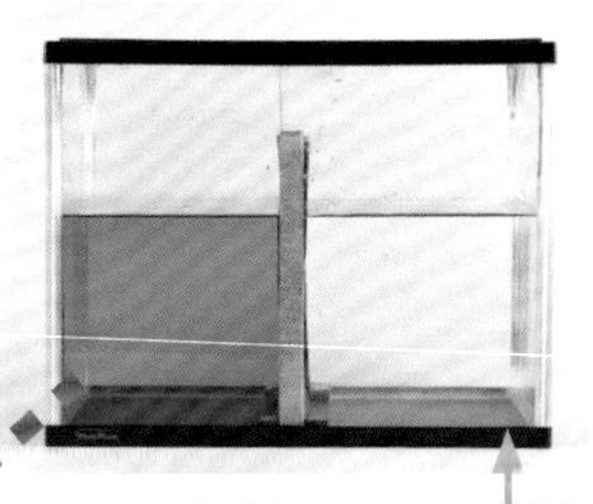

被隔板隔开的两边，左侧为热水、右侧为冷水……

拿起隔板，热水会往上流，而冷水则会往下流！

这条线并不是隔板，而是贴在水槽外侧的胶带。

详见本书第 106 页!

动手做一做透明辣椒酱！

只要利用滤纸，就可以把辣椒酱过滤成透明的！

想学到更多，就快点儿阅读后面的漫画与专栏吧!

名侦探

的科学之旅

空气与水的秘密

著/[日] 青山刚昌
绘/[日] 金井正幸
译/ 灿烛童书

黑龙江少年儿童出版社

让我们跟着柯南一起学习科学知识吧！

日本东京理科大学教授　川村康文

各位读者，大家好！

下面我们要和柯南一起，开始一场科学之旅啦！

在《名侦探柯南的科学之旅·空气与水的秘密》这本书中，介绍了什么是空气，空气的特性，什么是水，水的特性以及空气和水与人类的关系等知识点。

柯南和少年侦探团一行受邀参加著名探险家举办的神秘绿宝石“草原之泪”的展览，不料，展出的宝石却不翼而飞，现场参观的人数众多，柯南能够帮助探险家顺利找回宝石，侦破案件吗？相信大家会一口气读完这个精彩的故事的。

不过，等等……可别光看漫画，还要好好看看后面充满趣味的讲解哦。相信你看完后，一定会掌握很多有

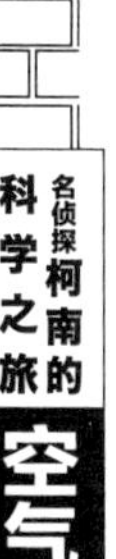

关空气和水的知识！

空气和水对人类来说是维持生命不可或缺的要素。至今为止，大量的生命在这个地球上诞生、演化，但现在整个地球的环境都遭到了污染，对动物、植物和人类的生活造成了不可忽视的影响。为了能让大家过上健康、快乐的生活，学习空气和水的知识是一件非常重要的事。

在学习的过程中，拥有求知欲是非常重要的。而阅读本书，可以激发孩子的求知欲。

好了，大家都准备好了吗？现在让我们和柯南一起出发，在冒险中学习科学知识吧！

目录

名侦探柯南的科学之旅

空气与水单元 1

空气与水单元 2

探险家与绿宝石

柯南一行受邀参加知名探险家、鹿岛财团总经理所举办的『草原之泪』展览，但却万万没想到……

哼哼～

这次人家可是特地指名我这个名侦探到场，还说有『沉睡的小五郎在，就足以保障安全了』。

宝物是？
听说是个叫草什么根的绿宝石。

爸爸别胡说，是『草原之泪』！
……

好漂亮！

居然把别墅建在草原正中央，真是奇怪。

鹿岛喜八郎先生曾经乘坐热气球成功飞越太平洋，就是因为这样他才会选择把别墅建在这个热气球容易起降的地方。

小朋友，你挺清楚的嘛。
鹿岛叔叔！
鹿岛喜八郎
鹿岛财团总经理兼探险家

这不是铃木家的大小姐吗？
见到您太好了，这位就是我之前和您提过的……

我是名侦探毛利小五郎。
侦探先生大驾光临，热烈欢迎啊！

有您这位名侦探在，就算有人觊觎宝物也不必担心了！
交给我没问题！

这位是我的朋友小兰……
这孩子是江户川柯南。

小朋友，待会儿跟我一起去乘热气球吧！
呵呵呵

那就是热气球吗？
没错。虽然跟我的探险之旅不能比，不过对你来说这是一次很刺激的体验！

哈哈哈！

跟次郎吉先生简直是一模一样。

爸，你吃得
也太多了吧。

哇
——

请注意我手上
的玫瑰花……

把玫瑰花放进这
个容器之后……
放入

※ 如果你想知道液态氮是什么的话，可以参考第 57 页的解说。

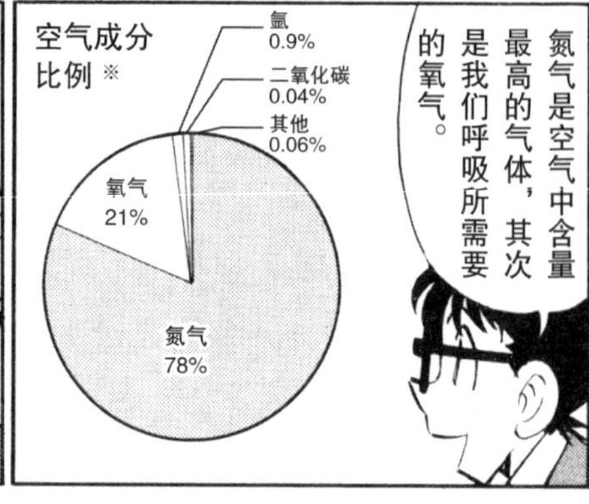

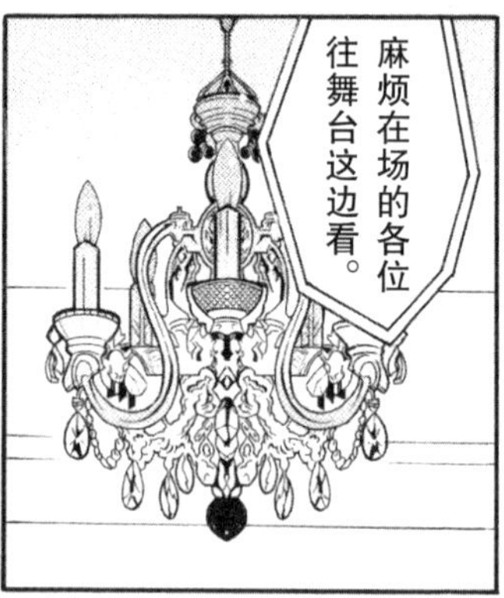

※ 有关空气中所含的气体，在第 40 页也有说明。

好大的宝石啊！
它绽放出的绿色光芒真漂亮！
真是太美了。
就是！

暗
哇！
搞什么！还不快把灯打开！
难道？
宝石不见了！
糟糕！

可恶！
立刻封锁入口，任何人不得出入！

得先把灯打开才行。
变电室呢？
请跟我来。

在这里。
变电室

叔叔，这、这是……
果然，总开关被人关上了。

啪
亮

嗯？
这条线是……
下面绑着一个砝码！

嫌疑人一定是用它来关上总开关的。
砝码好凉！

我知道了！嫌疑人一定是利用冰块设计出这个机关的！
咦？可是……
唔

没什么好『可是』的！

我们回大厅去吧。
好痛啊！
好。

不好意思，可以检查一下各位的随身行李吗？

你是说嫌疑人在我们当中？
真没礼貌！
不用这么麻烦！

咦？我！
这是什么意思？
呃……
这个嘛……
今天来的客人全都是鹿岛先生亲自招待的吗？
嗯，没错。
那警卫呢？
全都是老面孔。
那些杂耍艺人也是吗？
他们是我认识的演艺公司派来的。
嗯……
先别说了，为什么会突然断电？

这个问我就对了。
只是很简单的手法而已。刚刚去检查变电室的时候，我发现……

有人偷偷潜进变电室，并且用线把砝码绑在电源总开关上。

原来如此！嫌疑人是利用砝码的重量关掉总开关的，对吧？
可是……

如果真是这样，那么嫌疑人放手的瞬间总开关就会被切断了，不是吗？
啪！

这是因为嫌疑人在砝码底下放了冰块的缘故。

可是……
又怎么了？
冰块融化以后底下应该有一摊水才对啊……
的确，当时总开关底下没有任何水渍。
这到底是怎么回事？
少安毋躁！
辛苦啦，叔叔。
咻！
哇啊！
叔叔的推理要开始了！
啊！
没错……嫌疑人使用的并不是冰块。
不过，在这之前……
鹿岛先生，能请您先确认一下公司派遣过来的杂耍艺人的人数吗？
嗯，好的。

喂，是我。
平时承蒙大家照顾。
我想问问你们，今天派来的杂耍艺人的人数……

他们说有三个人。
那就奇怪了……

为什么大厅里有四个杂耍艺人呢？
震惊
真的！

嫌疑人就在他们之中喽？
张望
一点儿也没错。至于刚刚我提到的切断总电源的手法……

※ 关于升华请参考第 55 页的说明；关于水的三态变化请参考第 92~93 页的说明。

嫌疑人把干冰当成定时装置，制造时间差来关闭总电源，
并且趁着总电源关闭时偷走了宝石。
那么，到底是谁在不被人怀疑的情况下拿走了宝石呢？
答案就是……
身上带着液态氮的杂耍艺人！
震惊

胡说八道！
液态氮的温度低于零下 196℃，
而在 1 标准大气压下，温度只要高于零下 79℃，干冰就会升华成气体。
二氧化碳（气体）
升华
干冰（固体）
液态氮
零下 79℃
零下 196℃
什么意思？
也就是说，只要把干冰浸在液态氮里面，就可以让干冰维持固态而不会升华。
原来如此！

开什么玩笑！
既然如此，你们尽管搜我的身，看宝石在不在我身上！

看，没有吧？

你只是把偷走的宝石藏在另一个地方了。
喂，柯南！

来了——

嘿嘿。
等……等等！
那是……

我要把里面的东西拿出来了。
不可以用手碰液态氮，很危险的！
交给我！
喂！
！
嘿！

因为液态氮的温度低于零下196℃，所以只要一碰到地面就会马上汽化！

！
哼！
啊！
哼！
我手上还有很多液态氮，
被这东西淋到可是会受伤的！
倾倒
倾倒
冒烟
啊！

快追！
喂，是我！快把正门跟后门封锁起来！
这样他就逃不掉了！
知道了。
不对，嫌疑人还有其他方式可以逃跑！
什么人？

我是江户川柯南，是一名侦探！
你一定是打算搭乘招待客人用的热气球逃跑！
……
可惜我早就看穿你的计划了。
是吗？那这招儿你可就想不到了吧？

你敢动一下的话，这张可爱的小脸就要被毁容了！

糟了……

嘿嘿嘿……
割断
知道大意的下场了吧！
可恶！
再见了，侦探小鬼！
我的宝物……还不快来帮忙！
柯南！

!

加速
看招儿！

砰
倾斜
啊！怎么回事？
救命啊！
！
不好！

小兰姐姐！
柯南！

啊！

真的好险啊！
接得好！
啊……哈哈哈……
呜呜……
嘿！
啊！

从下一页开始，我们要为大家揭开空气的秘密！

空气是什么？

空气无色透明又没有气味，虽然用肉眼看不见，但是……

我们的身边充满了空气！

一般来说，如果只是做轻微的运动，我们并不会气喘，这是因为我们的身边充满了空气。

空气其实是有重量的，而且会受地球吸引力的牵引。因此，距离地表越近的地方空气就会聚集得越多，反之距离地表越远的地方空气就越稀薄。另外，在太空中一点儿空气都没有。

什么是空气？

所谓空气，就是指笼罩地球大气层的无色透明气体。水在低温时会凝结成固体冰，温度升高后冰就会融化成液体；要是温度再继续升高的话，水就会蒸发成气体，也就是水蒸气。空气就跟水蒸气一样呈气态。

空气中含有与生物的呼吸息息相关的氧气与二氧化碳。不过，空气中所含的氧气的比例只占 21%，而二氧化碳的比例仅有 0.04%。氮气在空气中所占的比例高达 78%。

植物的呼吸与光合作用

植物在呼吸的时候和动物一样，会吸收空气中的氧气，然后排出二氧化碳。不过除了呼吸作用以外，植物还会进行光合作用※。所谓光合作用，就是植物吸收空气中的二氧化碳，利用阳光与根部所吸收的养分制造出能量后，将氧气与水分排出体外的过程。事实上，地球刚诞生的时候，大气中是不含氧气的，而现在大气中所含氧气的比例之所以高达 21%，真是多亏了植物的光合作用。

※想详细了解光合作用的话，请参考《名侦探柯南的科学之旅 · 植物的秘密》第100~101页！

怎么吹都不会掉落的乒乓球

乒乓球的重量很轻，轻到只要吹一口气就会飞起来。不过，我们可以利用吸管和厚纸板让乒乓球停留在原处。

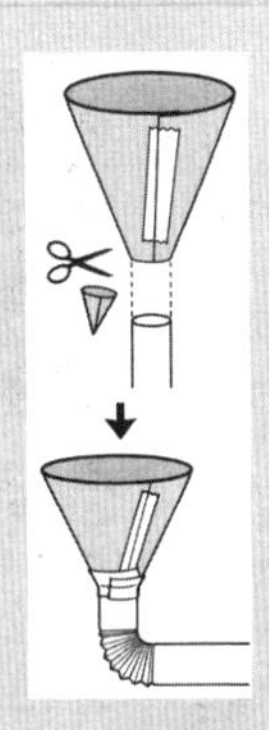

①制作特制吸管

首先将厚纸板卷成能够容纳得下乒乓球的圆锥状，接着把尖端剪出一个小洞，最后如左图所示，将吸管穿过小洞后，再用胶带固定。

②往吸管里吹气

特制吸管做好以后，把乒乓球放进卷成圆锥状的厚纸板上，然后吹气，就可以看见乒乓球浮在空中了。不仅如此，在我们没有停止吹气之前，就算把吸管口朝下，乒乓球也不会掉落下去。

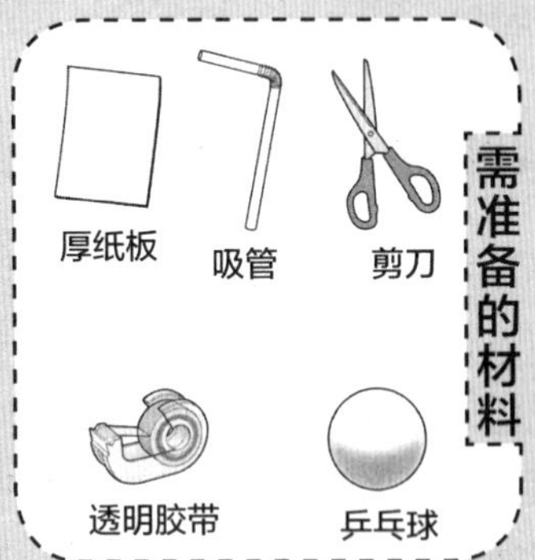

为什么乒乓球不会掉落呢？

在说明原理之前，我们先来做一个实验吧。两手各拿一张 A4 大小的纸放在嘴前，朝两张纸中间吹气。这时大家应该会发现，两张纸并没有往左右两侧飘，反而向内侧贴在一起。这是因为两张纸中间的空气流动速度比外侧快，导致内侧的气压小于外侧的气压，而外侧的空气被向内挤压。我们把吸管口朝下吹气，乒乓球也不会往下掉，也是同样的原理。

空气有重量

虽然我们平常感受不到空气的存在，但空气其实是有重量的！

空气也有重量！

当我们提起一个装满水的水桶时，可以感受到水的重量；但当我们提起一个空水桶时，是感受不到空气的重量的。那么，在这里就为大家介绍一下怎么测量空气的重量。

首先，准备一个喷罐（装有空气的喷雾罐），用电子秤测量出喷罐的重量。接着，我们按下喷嘴喷出一些空气之后，再把喷罐放回电子秤上，看看重量是不是减轻了呢？这些减少的重量就是空气的重量！

爬山时为什么会感到耳朵疼？

因为空气有重量，所以会产生气压※。气压会随着距离地表的高度变化而变化。例如，高山上的气压就比平地要低。这是因为地势越高的地方，聚集在相同面积上的空气就越少。此外，有些人在爬山的时候会感到耳朵疼，这是因为鼓膜外侧的气压变小，导致来自鼓膜内侧的压力会把鼓膜往外撑，所以才会引起疼痛。

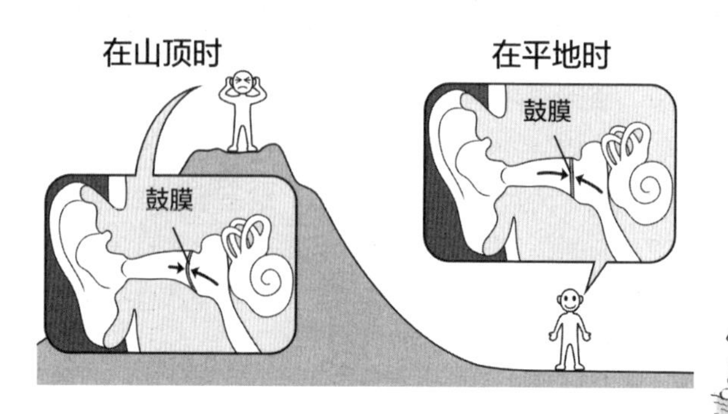

※ 想了解什么是气压，可以参考《名侦探柯南的科学之旅 · 天气的秘密》第 46 页的详细说明。

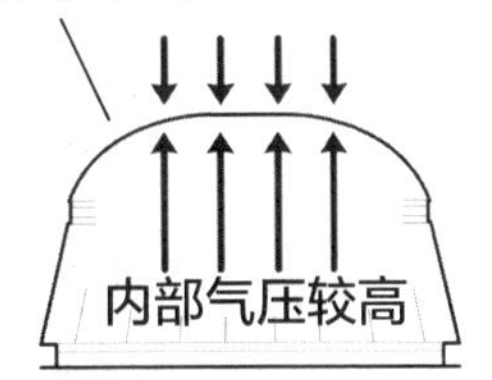

内部与外部的气压一旦出现差异，气压高的一方就会推挤气压低的一方。

东京巨蛋的屋顶是由空气支撑起来的！

位于日本东京的东京巨蛋其实并不是靠柱子支撑的，而是靠空气支撑起整个膜状屋顶的。

因为安装在东京巨蛋里的数台鼓风机会不间断地将空气送进巨蛋里，所以巨蛋内部的气压比外部高，内外的气压差正是东京巨蛋屋顶不会塌下来的原因。

哪一种塑料瓶最适合装汽水？

茶类饮料跟汽水所用的塑料瓶形状不太一样。很多茶类饮料装在方形的塑料瓶里，但是汽水一般都装在圆形的塑料瓶里，这是为什么呢?

我们将汽水倒进杯子里的时候会看到很多气泡，这些气泡其实是二氧化碳。虽然二氧化碳在低温时易溶于水中，但是温度升高或者受到外力摇动等刺激时就会立刻释放出来。想要“关住”汽水中的二氧化碳，就需要一个抗压能力较强的容器。因为圆形塑料瓶的抗压能力优于方形塑料瓶，所以装汽水用的塑料瓶一般都是圆形的。

要是将汽水装进方形塑料瓶的话……

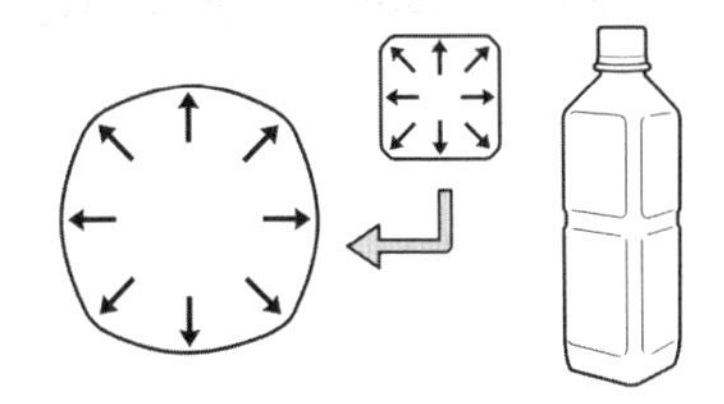

方形塑料瓶由于内部气压的挤压而鼓起来。

装汽水用的塑料瓶

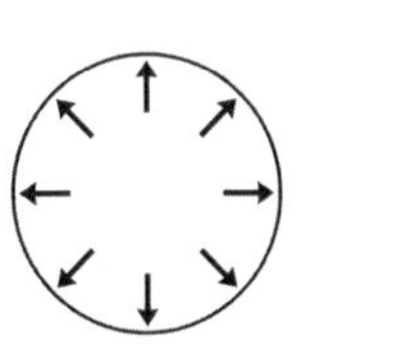
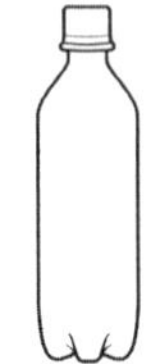

圆形塑料瓶可以将内部气压平均分散开，不容易变形。

阻碍我们前进的「空气阻力」

平常肉眼看不见的空气，会对高速运行的物体产生阻碍！

什么是空气阻力？

大家在赛跑的时候会感到有风迎面吹来，对吧？跑得越快的人越会觉得被风吹得跑不动，这种阻碍前进的力量就叫作“空气阻力”。前进速度越快的物体受到空气阻力的影响越大。所以跟走路相比，我们在跑步时更容易感受到空气阻力的存在。就算物体的移动速度不快，若接触到空气的面积过大，一样会受到强大的空气阻力的影响。

减少空气阻力来加速

物体运动速度越快或者运动时接触到空气的面积越大，物体受到的空气阻力越强。这会导致物体运动的速度逐渐降低，直到停止运动。因此，人们在制造高速移动的交通工具时，会想办法来减少空气阻力。例如，中国的高铁车头利用了仿生学原理，车头大部分为流线型，目的是减少空气阻力并提高车速。

高铁

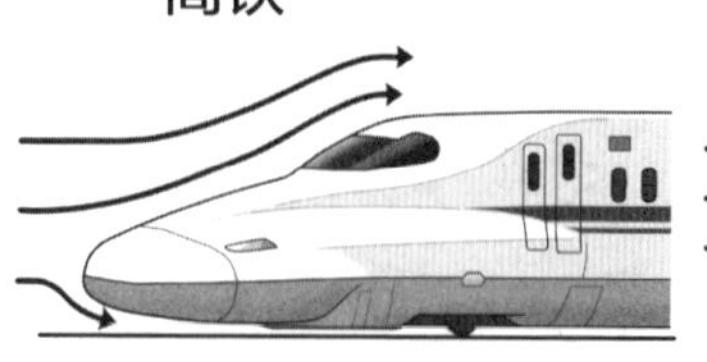

普通的列车

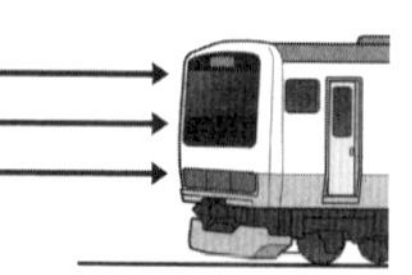

和普通的列车不同，高铁的车头为流线型，目的是减少空气阻力。

增加空气阻力来减速

看了前面的说明，大家可能会觉得空气阻力只会阻碍我们运动，实际上空气阻力也有很大的用途。例如降落伞，就是一种利用空气阻力设计出来的装备。

跳伞者背着装有折叠降落伞的伞包，跳出飞机后拉开伞面，由于伞面张开以后面积也随之增大，空气阻力也就随之增加。这样一来，跳伞者就可以借助空气阻力降低伞降落的速度，让自己安全着陆。滑翔伞是一种利用空气升力在空中滑翔的装备。

紧跟在前面的选手身后会轻松许多！

在马拉松或自行车赛之类的竞赛中，有时会发生一直紧紧跟在第一名身后的选手在终点前超越的情形。这其实也是一种利用了空气阻力的竞速策略。因为跑在最前面的选手全程受到空气阻力的影响，所以比跟在后面的人要消耗更多的体力。而跑在后面的选手因为前面有人帮忙挡风，受到的空气阻力较小，反而能够将体力保留到终点前冲刺。

真空中没有空气？

所谓真空就是没有空气的状态。想要观察真空状态，可以利用真空实验中所用的耐压玻璃容器。耐压玻璃容器的盖子上有个气阀，我们可以用手动真空泵抽光里面的空气。如果我们在容器里放进一个气球，然后抽光容器里的空气，就可以看到气球会越来越膨胀。这是因为容器内逐渐变成真空状态，气球内部的空气便开始向外挤压，从而让气球膨胀起来。

太空处于真空状态

地球上有空气，而木星上存在着主要由氢气所构成的“大气※”。大气只存在于像太阳、地球之类的星球周围，除此之外，太空几乎都处于真空状态。星球与星球之间存在着某些由星际气体所组成的星际物质。星际气体主要是由氢气与氦气所组成的，而星际物质的平均密度为每立方厘米一个至数个氢原子。所以我们说，太空几乎处于真空状态。

在太空中为何需要穿航天服？

在处于真空状态的太空中是没有办法呼吸的，所以航天员必须穿上航天服才能在太空中活动。

※ 大气是指包覆在天体周围的气体。可以参考本书第 58 页的详细说明。

利用真空储存罐来保存食物

食物之所以会变质，是因为食物表面的细菌数量增加。想要抑制细菌的数量，最重要的就是让它们接触不到氧气。所以，我们经常可以看到腌制品被封在真空包装里销售。拆开包装后，食物也可以利用真空储存罐来延长保存期限。

像花生或咖啡豆之类较为干燥的食品，虽然不像腌制品那么容易坏掉，但其中所含的油脂因为与氧气接触，会发生氧化作用而失去原本的风味。因此，我们同样可以利用真空储存罐来防止氧气与其接触。

真空储存罐的原理

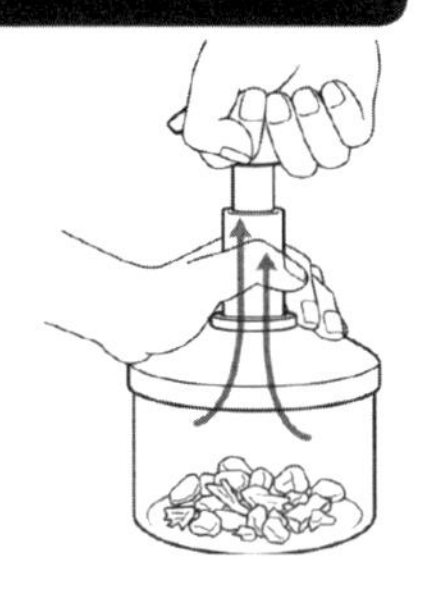

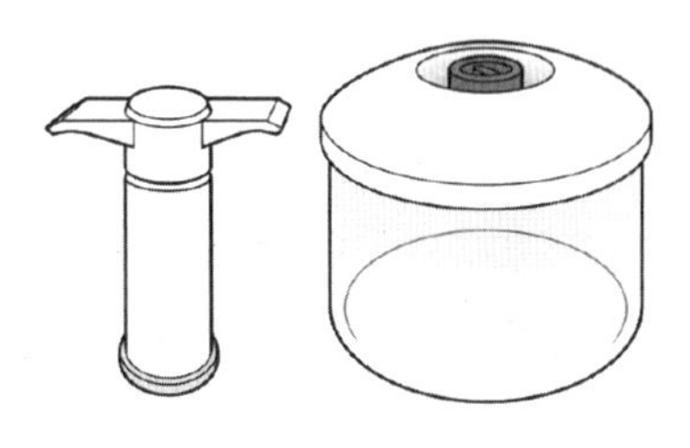

利用手动真空泵抽光储存罐里的空气，就可以让储存罐内部维持接近真空的状态。

在太空中，就算陨石相撞也听不到声音！

太空是无声的世界

之所以在真空状态的太空中听不到任何声音，是因为声音需要由空气来传播。想要看到这种现象，不必一定要到太空中去。举例来说，如果我们把响个不停的报警器放进耐压玻璃容器里并把里面的空气抽光，就会发现警报器的声音会随着容器里空气的减少而逐渐变小。

空气的第三个特征

前文中提到过，空气因为有重量而形成气压，而且还会阻碍物体高速运动（空气阻力）。在这里我们介绍空气的第三个特征，也就是弹性。

我们可以到药店购买小型注射器(可以不含针头)。如下图所示，用橡皮之类的东西塞住注射器的口①，再向下压活塞②，就会发现放手后活塞会被推回原位③。这是因为注射器里面的空气被活塞压扁后又恢复原状的缘故，我们把这种现象叫作“空气的弹性”。

弹性就是指物体受到外力时变形，移除外力后恢复原状的性质。由于空气的弹性和弹簧十分相似，所以依此特性所发明的“空气弹簧”被普遍运用在公交车或电车的悬挂避震系统上。

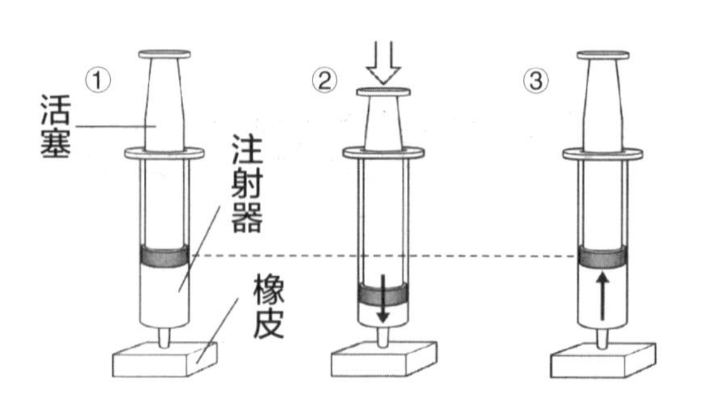

大家拿出注射器和橡皮，体验一下空气的弹性吧！

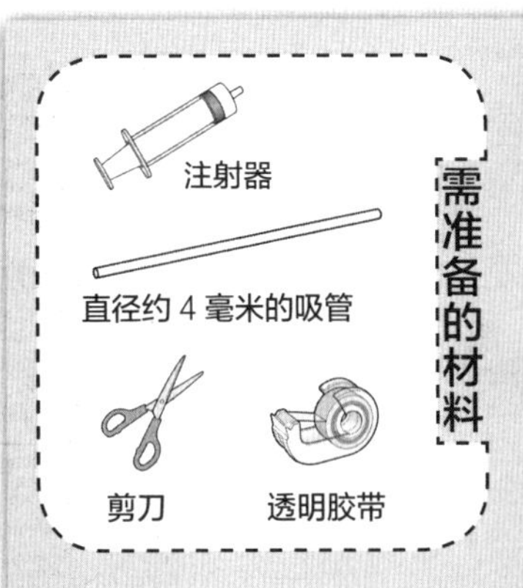

快来挑战制作空气手枪!

利用空气的弹性，可以制作空气手枪。以前小朋友是利用竹筒和木棒来制作的，现在我们只要用注射器就可以轻松做出一样的东西了。

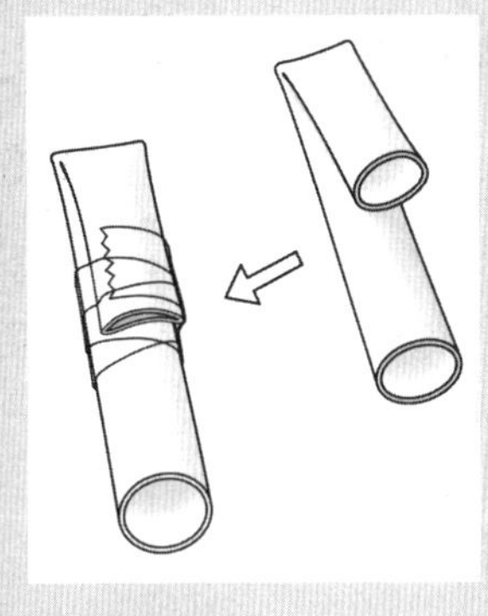

①将吸管剪短并折起来封住

想要利用空气的弹性，就必须先将注射器的口封起来才行。首先我们剪一段 5 厘米左右的吸管，然后将前端 1 厘米折起来，再用胶带贴紧。这根封起来的吸管不仅可以堵住注射器的口，同时也是空气手枪的子弹。

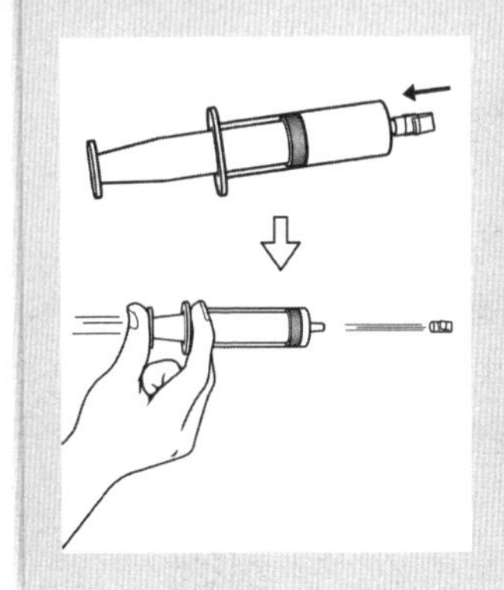

②用吸管套上注射器的口，压下活塞

拉起注射器的活塞并套上在步骤①中做好的子弹，空气手枪就完成了。当我们压下活塞，空气因为受到挤压而往外冲，就能把子弹推出去。大家不妨试着制作标靶，来一场射击大赛或是想想如何让子弹飞得更远。

※ 绝对不可以将注射器对着人发射!

动手制作空气火箭筒

大家也来挑战这个有趣的实验吧！

需准备的材料

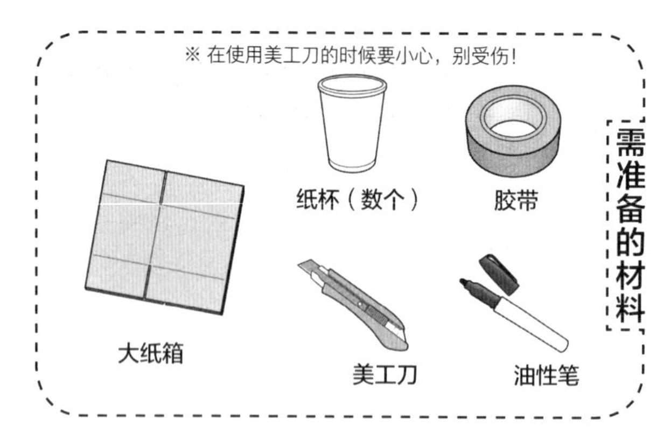

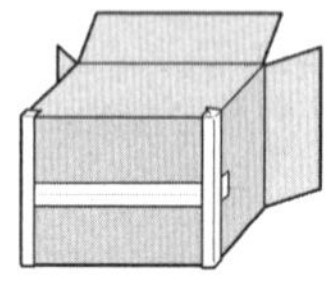

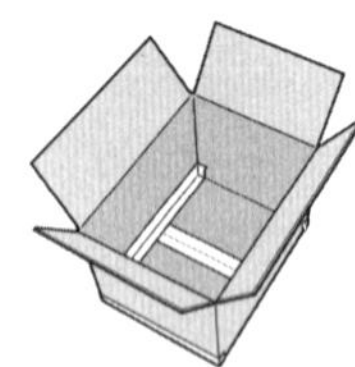

①将纸箱底部用胶带封好

所谓的“火箭筒”，就是指发射火箭弹用的发射器。而我们现在要做的，就是能够把空气当成火箭弹发射的空气火箭筒。

在制作空气火箭筒之前，首先要将纸箱底部的内外侧全部用胶带封死。

②从外侧将纸箱上部封紧

为了不让纸箱里的空气漏出来，除了底部之外，上面也必须用胶带封紧（步骤②这里只要先用胶带从外侧把纸箱封起来就行了）。封好之后，记得检查一下纸箱是否漏气。如果漏气的话，就再多贴几层胶带。

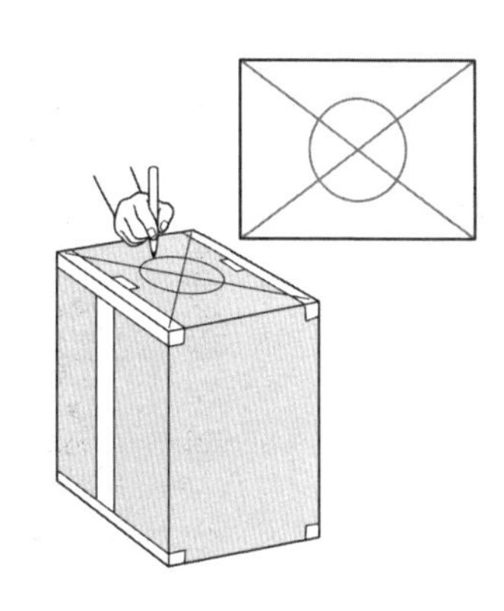

③在纸箱上画出圆形

接下来在纸箱上开一个发射口。那么发射口开在哪里呢？答案就是，除了上盖与底部之外的四个面中面积比较小的一面。

首先把要开洞的一面朝上摆好，并且画上两条对角线，接着以两条对角线的交叉点为中心，画出一个直径约为对角线 1/3 长的圆形。

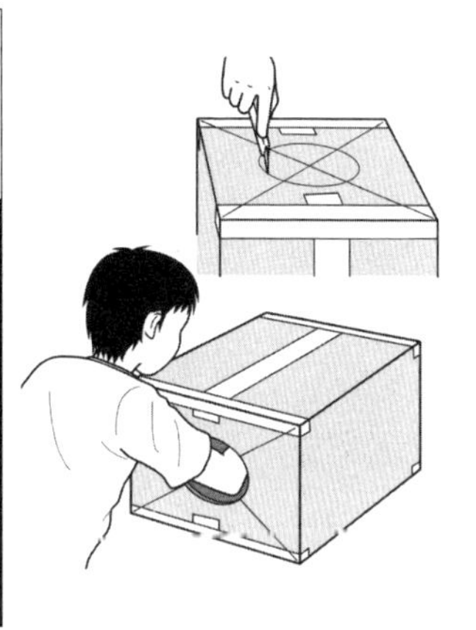

④在箱子上开洞

圆形画好之后，拿美工刀沿着画好的圆形割开，这样发射口就做好了。

不知道大家还记不记得，我们在步骤②时只把胶带贴在了外侧呢？等到发射口开好以后，我们就可以用胶带把纸箱内侧的缝隙都贴好了。现在，大家准备好“开火”了吗？

⑤ 空气火箭筒发射！

把用来当作目标的纸杯在桌上或地上摆好，就可以开始试射了。用力拍打纸箱两侧，就可以看见纸杯被纸箱里发射出来的空气打倒了。通过改变发射距离，你可以知道火箭筒的射程。

给空气加热

空气的温度就是所谓的气温。地球与地球上的空气基本都是靠太阳提供热量的。

太阳通过辐射将所释放出来的热能传给地面。当地面的温度一升高，热能就会传到空气中，接着温暖的空气开始上升，冷空气随之下降。这样的过程不断循环，地球上的空气就逐渐变得温暖起来。这种热的传播方式被称为“对流”。

观察空气是怎么膨胀的

冷空气经过加热之后有什么变化呢？我们可以利用身边的东西来了解空气的变化。

首先把吹得不是特别膨胀的塑料袋绑紧以免漏气，接着将其放进装满温水的浴缸。这时大家就会看到塑料袋膨胀起来了，这就是说，空气遇热会膨胀。

只要有塑料袋，随时都可以做这个实验。
大家可以在洗澡的时候自己试试看。

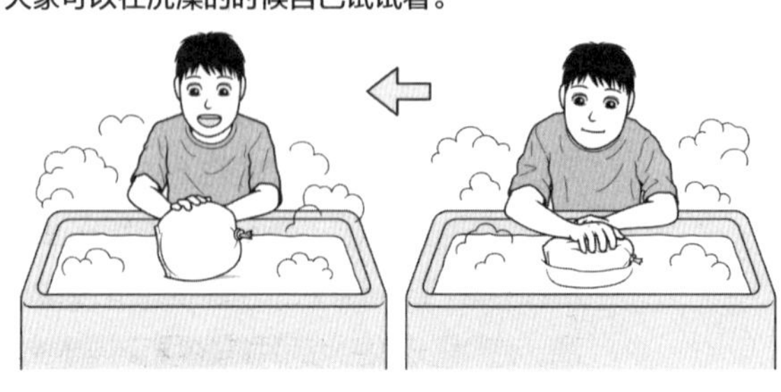

冷空气

空气受热后会变轻！

为了说明这一现象，请大家先把空气想象成类似棉花的东西。例如，当温度变低的时候，这团“棉花”变得密集，从而挡住我们的视线，但只要温度一升高，“棉花”就开始膨胀并变得稀疏，这时我们可以看到对面。现在我们来比一比，看同样体积的“棉花”在这两种状态下的差别吧。

热空气

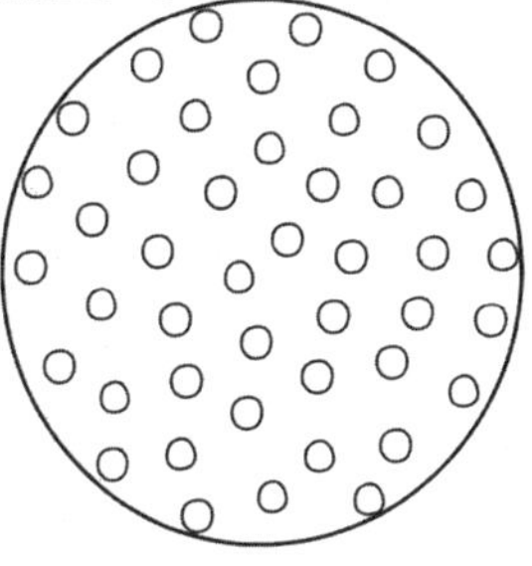

在体积相同的情况下，结构比较紧密的冷空气比热空气重。

大家可以看看左边的图示，当温度低的时候，“棉花”单位体积内的含量较多，而温度高的时候则较少。

和左图的“棉花”一样，空气在温度下降的时候密度会变大，导致重量变大；而温度一旦上升，密度就会变小，重量也会变小。前文中提到的“对流”现象，也是因为空气的这个特性而产生的。

能飞上天的热气球

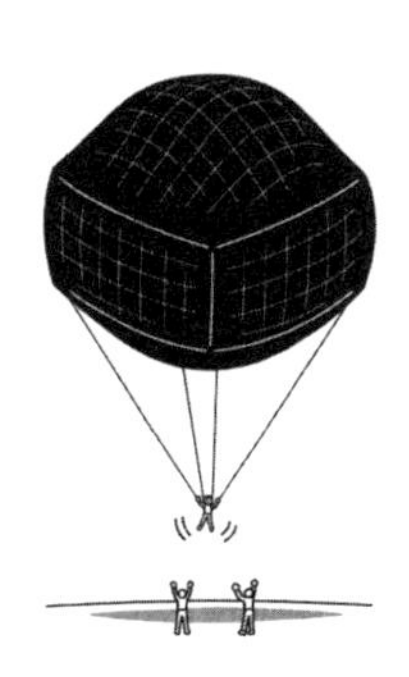

空气一旦遇热就会膨胀变轻，这么说只要有大量的热空气，说不定就能让我们飞上天空……热气球正是利用这一原理制造出来的。

要让一个载人的热气球飞上天空，除了要利用喷火枪将空气加热之外，气球本身的体积必须相当大才行。曾经有人做过实验，要利用太阳能让一个人飞上天空，用来制作气球的黑色塑料膜的体积至少要有 25 米 ×25 米 ×20 米那么大。

空气冷却下来会变成什么样？

让我们一起来看看，空气冷却下来会变成什么样？

物质的三态变化

在第 40 页我们提到，水除了液态之外还有冰和水蒸气两种状态。大家是否知道，其实空气也有液态和固态两种状态呢？

平时空气中所含的氧气大多处于气态，不过如果我们把氧气冷却到一定程度，氧气就会变成液态氧；如果继续冷却下去，液态氧就会变成固态氧。物质因为温度等原因而变成固体、液体或气体的现象，称为“三态变化”。

物质的三种状态

气体一旦冷却就会变成液体，继续冷却，就会变成固体；相反，固体加热后会变成液体，持续加热，就会变成气体。

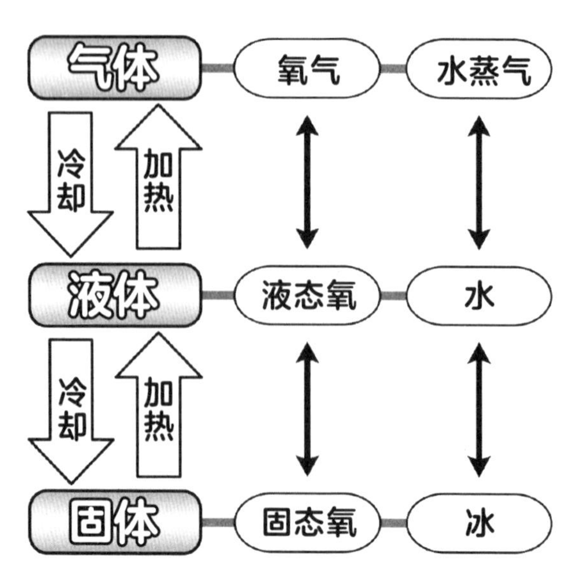

会从固体一下子变成气体的物质

然而，并不是所有物质都会遵循三态变化的过程。其中最具代表性的二氧化碳就是一种会从固体直接变成气体的物质（这种现象叫作“升华”），而固态的二氧化碳就是常见的干冰。

我们可以把干冰同用制冰盒制成的冰块摆在一起观察，普通的冰块融化以后会在盘子里变成水，但是干冰可以从固体直接升华成气体，不会在盘子里留下任何痕迹。

不过，二氧化碳真的不会液化吗？这倒不是。其实，二氧化碳在某种状态下是可以液化的。

首先我们准备一根厚的透明橡胶管，接着把干冰放进去，最后把两端折起来封紧。只要橡胶管里的气体没有漏出来，过一会儿干冰就融化成了液态的二氧化碳。

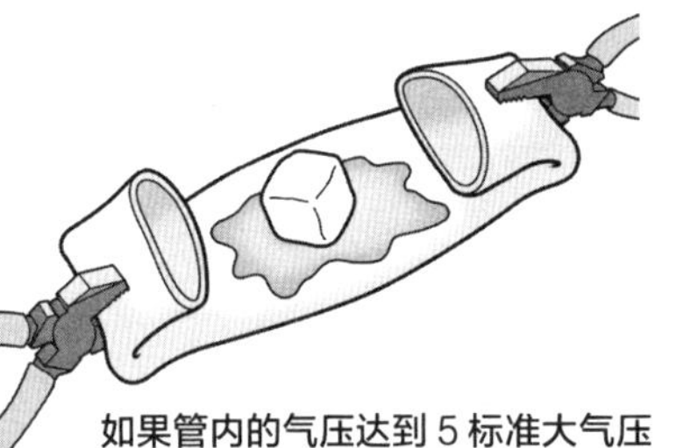
如果管内的气压达到 5 标准大气压以上，并且温度在零下 56℃以上的话，干冰就会液化。

如果用液态氮来冷却空气的话……

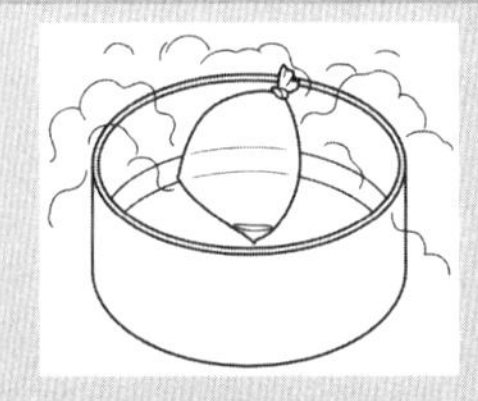
把装满空气的透明塑料袋用液态氮冷冻后，就可以观察到氧气液化的过程。

液态氮是一种可以用来让物质迅速冷冻的液体。如果我们用液态氮让空气瞬间冷却下来的话，就可以观察到空气中的氧气变成液体了。氧气在液化以后会呈淡蓝色，而且会被诸如磁铁之类的东西所吸引，有很不可思议的特性。

气体变成液体的原因

在日常生活中，有很多利用液化气体的例子，例如便携式燃气灶、煤气罐等。可是大家有没有想过，让气体液化得经过加压、降温等许多步骤，人们为什么还要特地将气体液化呢？

就拿水来说吧，水在从液体变成气体的时候，体积会增加 1700 倍左右；反过来说，气体一旦液化，体积同样也会大幅减少。人们之所以将燃气之类的气体液化之后保存，是因为这样可以节省运输成本和储存空间。

天然气的运输方式

天然气是我们日常生活中经常用到的燃料，由于日本的资源并不丰富，所以像石油、天然气之类的燃料都需要从国外进口。

而在这些燃料当中，天然气的进口量更是一年比一年增加。这是因为天然气在燃烧后产生的二氧化碳较少，不容易污染环境。

大型液化天然气运输船一次能运输可供 20 万个家庭使用一年所需的天然气。

天然气在液化后体积会减少到液化前的大约六百分之一。天然气在运输时，要先被冷却成温度低于零下 162℃的液化天然气 (LNG)，并且用专用的大型液化天然气运输船或车辆运输。

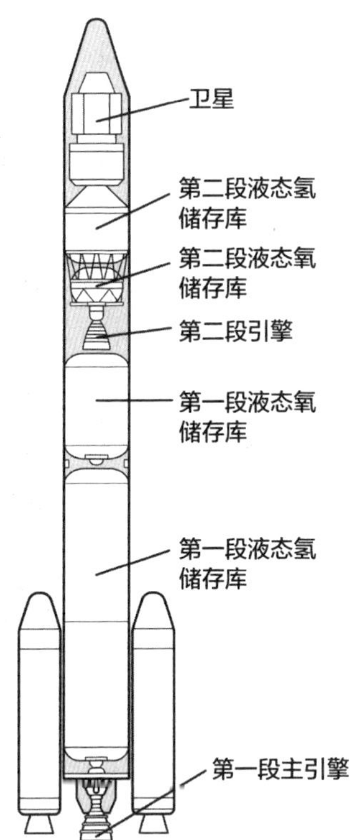

火箭的燃料

大家知道火箭在发射时使用了什么燃料吗？答案是氢气。火箭是依靠燃烧氢气所产生的能量来飞行的。

氢气和氧气在常温下都是气体，体积十分庞大，若是以气态装载的话，火箭小小的燃料储存室显然无法容纳足够让火箭升空的氢气。这时，只要将氢气变成液体，就可以解决这个问题啦！

但是，只有氢气是无法燃烧的。想要让氢气燃烧，还需要有氧气才行。所以火箭的燃料不只有液态氢，还包括液态氧。例如，H-II 型火箭，它的主要燃料虽然是液态氢，但同时需要用液态氧当作氧化剂，让液态氢更容易燃烧。

零下 196℃的世界

液态氮是一种能够让物体迅速冷却的冷却剂。一般冰箱的冷冻室温度在零下 20℃左右，液态氮却能将物体的温度降到零下 196℃以下。

有些特定的物质，一旦温度达到零下 196℃就会产生超导现象，成为超导体 ※。发电厂通过电缆将电力输送到我们的家中，在电力传输的过程中，通常会产生一些电力耗损，但在超导的状态下，电力的传导就几乎没有耗损。在进行需要使用大量电力的磁悬浮列车实验时，就会用到有这种特性的物质。

※ 超导体 (superconductor)：在特定温度下电阻趋近于零的导体，超导体在电力传导时几乎不会有耗损。

空气流动就会起风

地球上的风是怎么形成的呢？

风其实就是流动的大气！

围绕在地球以及其他天体周围的气体，我们称之为“大气”。大气的动态瞬息万变，之所以时而无风，时而吹起强风就是这个缘故。台风是由于强烈的大气移动所形成的，而由西向东吹的西风带与由东向西吹的信风带等，都是由于大气的移动所产生的。

大气的循环

大气的循环※是因为地球上的空气不断流动而形成的。海风与陆风的形成都是大气循环的结果。

天气放晴的时候，在白天风会从海上吹向陆地。虽然陆地跟海洋受到一样的光照，但是陆地的温度比较容易上升，所以白天时陆地上的空气不断往上升，导致海上的空气朝陆地流去。这就是海风形成的原因。相反，夜晚陆地的温度下降得比海上快，因此会形成从陆地往海上吹的风。

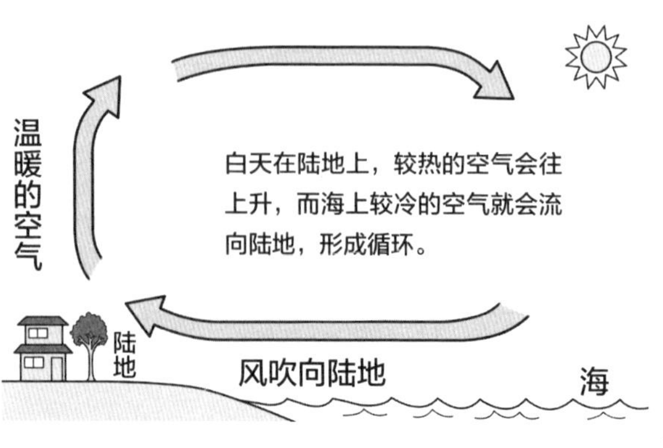

※ 想要了解什么是大气循环，请参考《名侦探柯南的科学之旅 · 天气的秘密》。

就算是冬天，电风扇也有用处！

大家可能会觉得只有夏天会用到电风扇，实际上电风扇在冬天也有很大用处。在冬天，大家常常在房间里开暖风。开暖风的时候，房间里的空气就会因为变暖而上升，导致暖空气全都聚集在天花板附近。虽然空气在房间里也像大气一样不断流动，不久后整个房间都会变得温暖，但这时要是利用电风扇的话，就可以让房间里的温度上升得更快。

假设我们现在同时打开暖风和电风扇，只要我们把电风扇摆在房间中央往天花板上吹，就能够让天花板附近的暖空气以更快的速度循环。

冬天的情况

只要让电风扇往天花板上吹，就可以加快暖空气循环的速度。大家也可以试着改变电风扇的位置，看看怎么摆放才能让房间快速变暖。

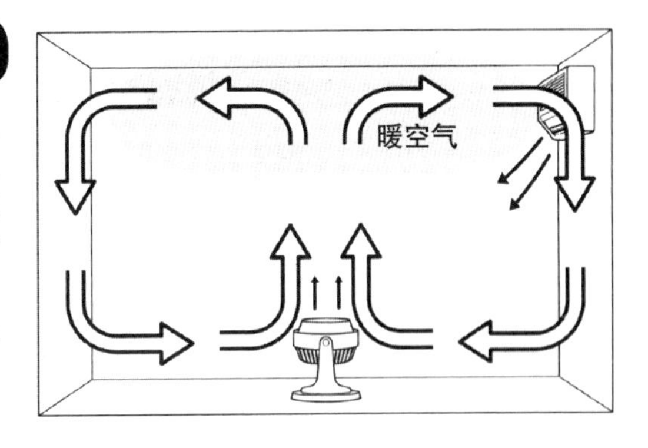

夏天的情况

因为冷空气的重量较重，所以容易聚集在地面上。我们只要让电风扇横向吹，就可以加快冷空气循环的速度。

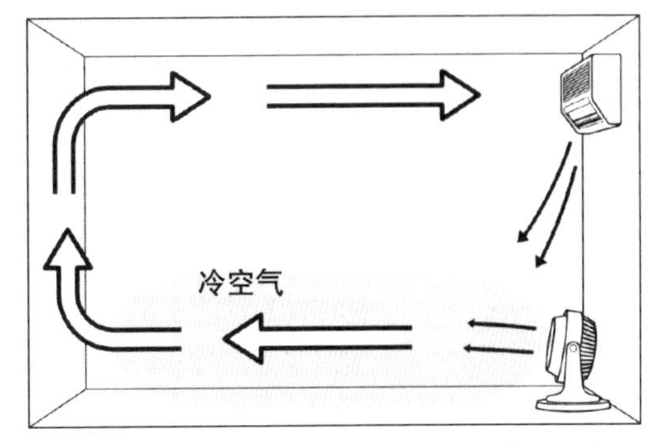

※ 虽然一般的电风扇也能令空气循环的速度加快，不过使用图中的空气循环扇可以达到更好的效果。

空气阻力与气球

我们吹好的气球一离开手就会缓缓往下掉。为什么气球会往下掉呢？人吹出的气体除了氮气之外，还有比较重的二氧化碳。就算气球里的空气和外界一样重，但是加上气球本身的重量以后，气球就会比空气重。因为受到空气阻力的影响，所以气球下落的速度才那么慢。

那么，我们把气球放在杂志上再放开手，会怎么样呢？杂志会比气球先落地吗？让我们来做个实验吧！

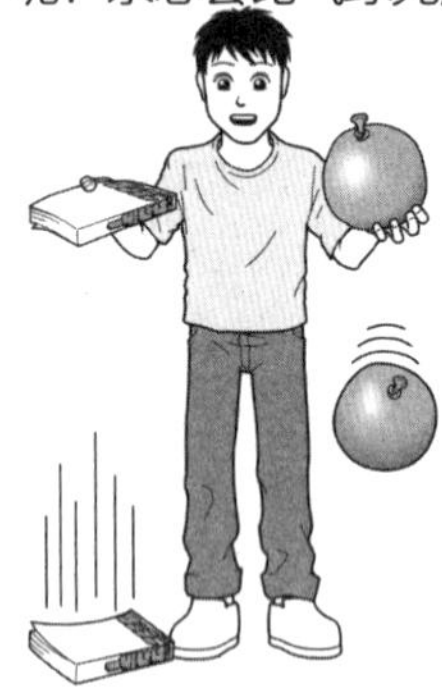

① 准备气球和杂志

首先请大家准备一个吹好的气球和一本较厚的杂志，然后像左图一样，一手拿着气球，一手拿着杂志，同时放开手。这时，大家会发现杂志马上就掉到地上了，而气球则是过了一会儿才缓缓飘落至地面。

② 将两者放在一起

接着我们把气球放在杂志上，然后放开手试试。气球是不是像被杂志吸住了一样，跟杂志同时掉到地面上了呢？这是因为空气阻力全都集中在底下的杂志上了，影响不到气球。

需准备的材料

塑料材质的扑克牌
（或者是不用的磁卡）

透明胶带

气压与扑克牌

空气是有重量的，每 1 平方厘米的海平面大约承受了 1 千克重的气压。一般来说，一张扑克牌的面积大约有 51 平方厘米，也就是说一张扑克牌所受到的气压重达 51 千克。在接下来介绍的实验中，大家就可以来实际体验一下空气有多重了。

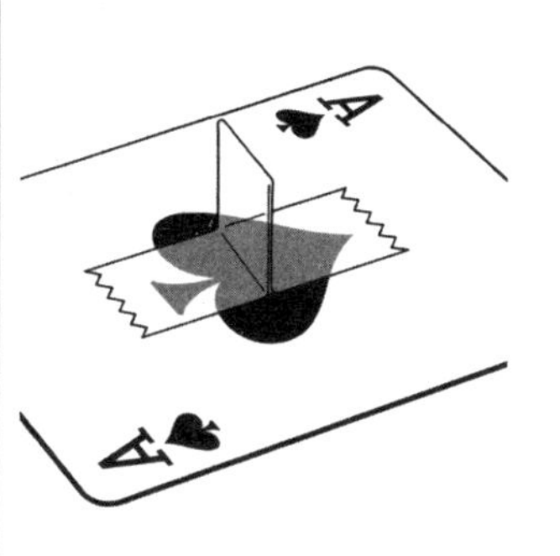

① 给扑克牌贴上提带

像左图一样，把透明胶带贴在扑克牌中间做成提带。胶带贴得越紧越好，这样才不容易脱落。要是手边没有塑料材质的扑克牌，也可以用电话卡、磁卡来代替。

② 把扑克牌平放在桌上

提带做好以后，将扑克牌平放在桌上，并且将扑克牌紧压在桌面上，接着就可以开始做实验了。现在试着抓住提带，把扑克牌拉起来，扑克牌是不是就像粘在桌上一样拿不起来呢？这是因为扑克牌受到了气压的作用。

※ 大家也可以按照本书第 2 页的做法把扑克牌平放在垫板上，它们同样也会贴在一起。

《风神雷神图》是日本 17 世纪的作品。

风神与雷神

古人会将一些自然现象当成神明显灵，所以才有风神与雷神的传说。就拿风神来说，古人因为不知道起风的原因，所以才会把“风”这个自然现象当作是风神显灵。

利用空气做成的玩具

以前人们利用空气制作出了很多玩具，纸飞机就是最具代表性的例子。如果想让纸飞机飞得更远，怎么做才能让纸飞机借助空气稳稳地滑翔就变得很重要了。

竹蜻蜓是利用空气升力飞上天的。竹蜻蜓的历史可以追溯到中国的晋朝，在直升机还没有被发明出来之前，人们就已经知道怎么利用回旋翼让竹蜻蜓飞上天空了！

风筝同样也是借助空气升力才飞上天的。据说以前的人甚至还梦想乘着风筝飞上天空，这跟现代的滑翔伞是否有异曲同工之处呢？

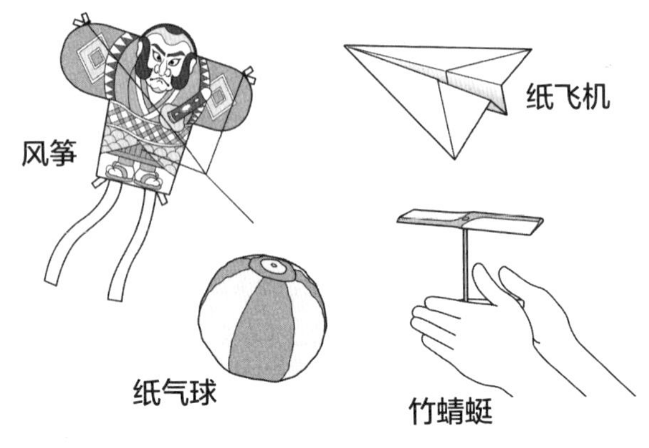

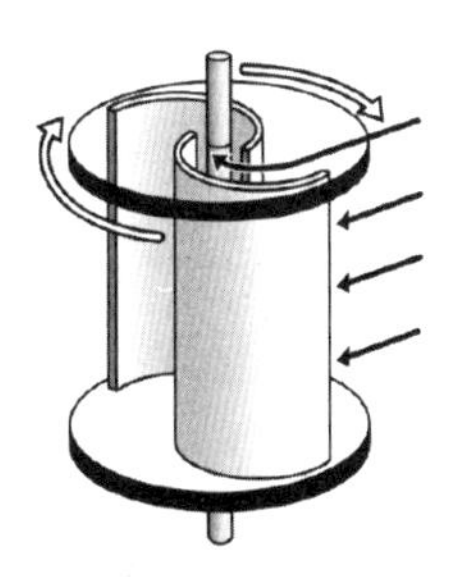

垂直轴式风力发电机旋转示意图。

垂直轴式风力发电机

对人类来说风力一直是很重要的动力来源。过去，人们就曾经利用风车旋转来推动磨面粉用的石臼。现在，风能大多被利用在风力发电上。在日本名古屋市的金山车站前，就有 775 座用来进行混合发电的垂直轴式风力发电机和太阳能发电机。这些发电机所产生的电能，大多会被利用在夜间照明上。

据说美佐岛车站站台的风速高达 30 米每秒。

不可以在车站的站台逗留！

位于日本新潟县的美佐岛车站有一个规定，那就是乘客下车以后必须在两分钟内离开站台。美佐岛车站的站台在地下隧道里，列车前进时产生的空气阻力会推动隧道里的空气，如果有列车进入站台就会吹起强风，在站台逗留是十分危险的。

氨 氧

氢 氮

代表气体的汉字

在中文里各种与气体相关的汉字大多以“气”为部首，这个部首代表着“不断上升的气体”。例如，“氨”“氧”“氢”“氮”等字。

档案
FILE 2
找出失踪的『鱼』
今天柯南一行来到了人气超高的杯户海洋馆。大家在馆长的带领下玩得十分开心，这时馆内却发生了不可思议的事情……

杯户海洋馆
哇！
好棒！
好漂亮的海洋馆啊。
这不是最热门的海洋馆吗？
馆长大岛老弟是我的老朋友。
听说对方还特地寄来门票，邀请博士参观呢。

真想快点儿看到鱼儿们的表演。
还有餐券呢！
待会儿一起到那里吃饭吧。
兴奋不已

难得你这么积极。
听说这里的餐厅出售一种富含胶原蛋白的水母冰淇淋。

胶原蛋白对保持肌肤弹性、防止皱纹产生有很好的效果。
陶醉
呃！

我们先到馆长室去打个招呼吧。
我是阿笠。

大家好，欢迎来到杯户海洋馆！
大岛尾久留
52岁
杯户海洋馆馆长
馆长好！
不好意思啊，还麻烦你准备孩子们的票。

馆长室
哇——

要想进步，听取客人的意见也是一条捷径。

大家参观完以后，请务必把感受告诉我们。
好！

好多收藏品啊！
这里收藏了世界各地的鱼类邮票。

这里的邮票都很漂亮。
你也这么觉得吗？

虽然我很想在馆里将它们展出……
但要是被偷走的话就麻烦了。
除了我的家人和馆内工作人员外，其他人没有看过这些邮票。
不就是邮票吗？
你这样说就错了，元太。

邮票的学问可是很深奥的，有些珍贵的邮票价值高达数百万到数千万元呢。
真……真的吗？
你还挺懂的。

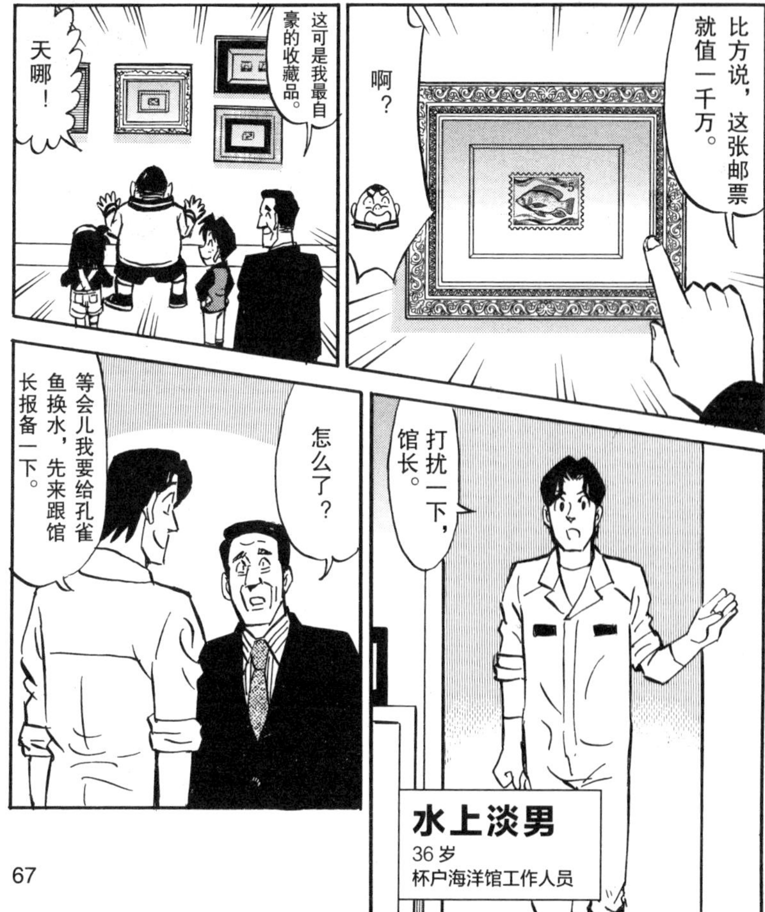
比方说，这张邮票就值一千万。
啊？
这可是我最自豪的收藏品。
天哪！
打扰一下，馆长。
怎么了？
等会儿我要给孔雀鱼换水，先来跟馆长报备一下。
水上淡男
36岁
杯户海洋馆工作人员

我记得作业区的电源不是出了点儿问题吗？
因为水泵不能用，所以只能用水桶换水。
你一个人能做完吗？
我想差不多一个小时就能换完了。
这样啊，那就麻烦你了。
好的。
啪
那么，海洋探险要开始喽！
好！
这里的贵重邮票那么多，不用保险柜吗？
不要紧的。这里除了刚刚那个工作人员出入口之外，好像没有其他出入口了。
再说，这里还有警卫呢。
工作区
展示厅
馆长室
办公室
警卫室
员工通道
电子锁大门

欢迎来到『浮冰之海』。
哇！
好厉害！冰浮在水面上呢！
你们看！有裸海蝶！
裸海蝶还有个别名叫『浮冰天使』。

裸海蝶在捕食的时候头部会绽开，从里面伸出触须来。
啊——

是这样啊……
……

接着是『热带之海』。

这个水槽是让参观者喂饲料用的。
咦？水为什么不会溢出来呢？

※ 想知道水为什么不会流出来，快翻到第 103 页吧！

接着是我们最新的展览『水母之海』。

是水晶水母。
不就是普通的水母吗？

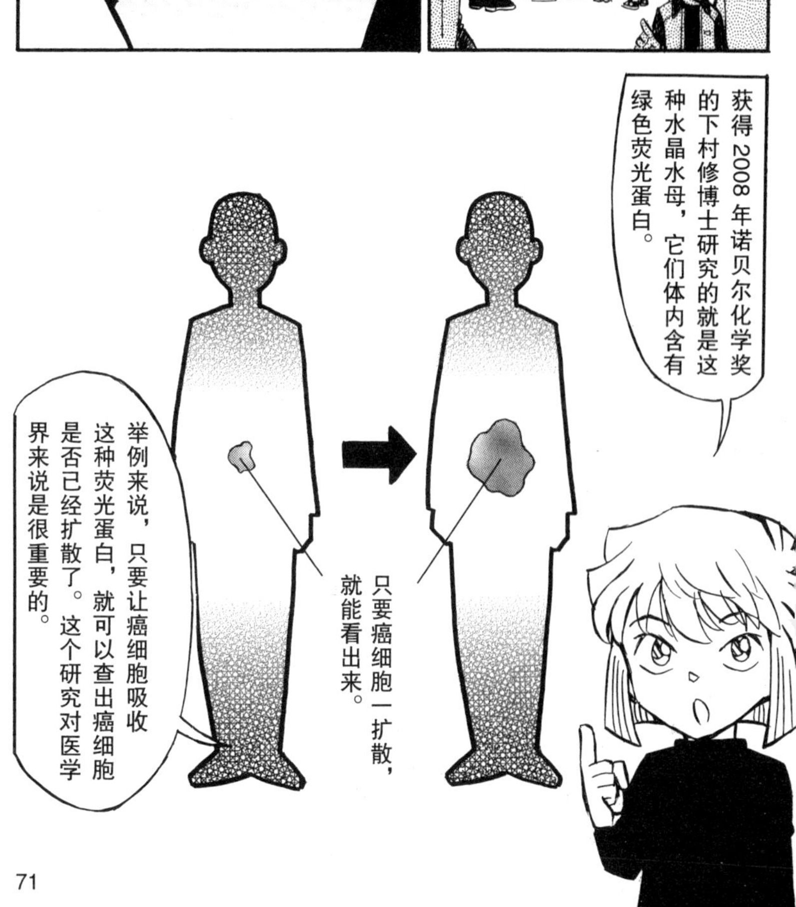
获得2008年诺贝尔化学奖的下村修博士研究的就是这种水晶水母，它们体内含有绿色荧光蛋白。
只要癌细胞一扩散，就能看出来。
举例来说，只要让癌细胞吸收这种荧光蛋白，就可以查出癌细胞是否已经扩散了。这个研究对医学界来说是很重要的。

你懂的真多啊。
这里的水母都是叔叔抓到的吗？
是呀。你怎么知道？
我以前在电视上看过。叔叔背上写的『蓝色海洋』是一间专门提供展示用鱼类的公司。
蓝色海洋
眼神真不错，我姓波照间，请多指教。
波照间幸一
42岁
蓝色海洋社长

波照间先生可厉害了，
世界上许多海洋馆里的鱼都是他们公司提供的。
这里能够展出这么多种鱼类，也是多亏了波照间先生呢。
真了不起！

鱼儿刚送进海洋馆的一个礼拜，我每天都会来查看它们的情况。
哎呀，我该走了。
祝大家玩得尽兴。
水中表演就快开始了，我们赶快去参观吧。

震惊
好棒啊！
好多鱼啊！
真是太壮观了。

川村泳子

25 岁

杯户海洋馆工作人员

怎么了？
!?
为什么馆里会响起午休铃声？
我马上去查。
不好意思，惊动各位来宾了。请大家继续观看表演。
登场
哎呀！表演真棒！
就是呀。
大家玩得高兴吗？
那么，我们回馆长室吧。
不过，刚刚那铃声到底是怎么回事啊？
门怎么是开着的？

啷
震惊
不见了！
价值一千万的邮票消失了！
快报警吧！
可是……
叔叔刚刚说过，只有叔叔的家人跟工作人员知道邮票的存在，对吧？
是，是啊……

可是我的家人正在旅行呢！
这么说，嫌疑犯就在工作人员当中了……

怎么会这样！怎么会……
馆长叔叔，你先冷静点儿。

找出嫌疑人的任务就交给我们……
!?
少年侦探团！
闪亮登场

馆长室的钥匙只有一把吗？
除了这把，
警卫室的保险箱里还有一把备用钥匙。
可是，知道保险箱密码的人只有我。
弹簧锁啊……这种锁很容易就会被撬开的。
现在还是用点波锁比较安全。

我们先到警卫室去吧！
好！
啊！
走廊的窗户被打破了！
嫌疑人是从这里进来的吗？
会不会是外来人员呢？
……
先听听警卫怎么说。
一个小时内没有人经过这里。
我也没有听到窗户被打破的声音。
警卫
嗯……

我问过展示室那边的警卫，他也说除了你们之外没有任何人经过。
谢谢你。
警卫

接下来我们分头去打听消息，找出没有不在场证据的人。
好的！

现在来整理一下线索吧。
馆长室

从馆长叔叔跟我们一起离开到回来的大约一个小时里，没有任何人到馆长室来。
只有三个人在这段时间里独自行动。
分别是波照间先生、水上先生和川村小姐。

波照间先生说，他在遇见我们之前在跟海洋馆的人聊天，表演开始以后他就一直一个人待在大水槽那儿。

这么说，他有可能从外面打破窗户潜进来！
水上先生说，他一直独自待在工作区给鱼换水。
……

川村小姐在表演开始之前好像是一个人在做准备。
那么，她也有可能打破玻璃偷跑进来。

有事吗？
哎呀，波照间先生也来了。
你们来了。

刚刚馆长的邮票被偷了。
啊？

嫌疑人似乎是从外面打破窗户的玻璃，然后潜进来撬开门锁，把邮票偷走的。
负责看守两边出入口的警卫都说没有人进出。

在知道邮票存在的知情人当中，只有你们三个没有不在场证据。
我记得你说过，公司资金最近有点儿周转不灵……不会是你偷的吧？
啊？
那你呢？我记得你家里养了名贵的鱼！
别以为我不知道，那些鱼跟饲养设备都是高价品，想必都不便宜吧！
别胡说，我就待在工作区里，根本不可能打破窗户溜进来！
蓝色海洋
你不是说过想要馆长的邮票吗？
我喜欢归喜欢，可我是不会去偷邮票的。
如果嫌疑人是从外面打破走廊窗户的玻璃，应该有人听到声音吧？警卫室不就在附近吗？

可是，两边的警卫都说没听到声音……

没错。但要是当时响起比玻璃碎裂声更大的声音呢？

!!

对了，就是表演中途响起的午休铃声！
嗯。

嫌疑人恐怕是事先把铃声音量调大，然后趁着铃声响起时打破玻璃进入的。
看来是有预谋的犯罪。

那么，当时正在表演的川村小姐就不可能是嫌疑人了。
呼
这么说，我也不可能是嫌疑人。因为我一直都待在水槽上方看表演。
川村小姐应该也看到我了吧？

从水里向外看若是角度不对，水面就会变得像镜子一样，令人看不见外面的情况。
你真的在看表演吗？
这就伤脑筋了……对了！
今天你在最后的表演中是不是比平常多转了一圈？
没错，我今天是第一次挑战，你看得真仔细。
还好啦！因为我每天都看嘛。
这么说……
你们在怀疑我吗？
虽然我的确是一个人待在后面换水……
不过我可以带你们去看证据。

就是这里。
平常我都是用电动泵的，不过这几天电动泵的电源有点儿问题。
好像刚才听你说过。
所以必须用水桶换水。
我花了整整一个小时，你要不要也来试试看？
这扇门后面是『浮冰之海』吗？
浮冰之海
没错。
从这里可以通到『浮冰之海』的水槽上方。我们就是在这个客人看不到的地方喂鱼儿们吃食的。

原来如此。

三个人似乎都不是嫌疑人。
那么，嫌疑人会是谁？
依我看还是报警吧！

……不，这点儿小事不用报警。
你的意思是？
这……这个……

偷走邮票的人，就在他们三个人之中！

走廊的玻璃窗被打破了，但是碎片几乎都是散落在外面的。也就是说，嫌疑人是从里面打破窗户的。

※ 有关虹吸原理，可以参考第 114 页的说明！

用吸满水的水管连接两个位置不同的水槽，水槽里的水就会自动流到位置低的水槽里，直到两边水面变得一样高为止。
这就是虹吸原理。
如果利用那条粗水管的话，还能把鱼也一起换到另一个水槽里。
开什么玩笑！那只不过是你们的猜测而已！
我可是亲手用水桶……

可是，水桶是干的。
那……那是我擦干的！
如果真是这样的话，为什么旧水槽里还留着几只孔雀鱼？
呃……

事情的来龙去脉是这样的……
水上先生先跟馆长报告自己要用水桶来换水。
布置好自动换水的机关……

趁着馆长室没有人的时候撬开门锁偷走邮票。
咔嗒
咔嗒
然后等到事先调大音量的铃声响起时，打破玻璃窗作伪装。
哐

最后再回到作业区，假装自己还在作业……

差不多就是这样。
那么，邮票就在水上先生身上？

邮票根本不在我身上！
不信的话，你们可以搜身。

要搜，但不是搜你的身，而是这里。
『浮冰之海』？

你看，是不是有一块冰特别不自然呢？
哎呀！这块冰一点儿也不凉！

那是塑料制的容器。因为里面是中空的，所以它会比真正的冰浮得更高。

戴着橡胶手套不方便拿邮票，所以我想你在拿邮票的时候应该是脱下了手套。
只要检测一下，应该就能发现邮票上留有的指纹。
对不起！
吧嗒
我……我实在很缺钱……
我原本打算之后再来把邮票拿走的。
水上，遇到困难为什么不告诉我呢？
如果你当初找我商量的话，也许我会卖掉邮票来帮你的。
馆长……

除了虹吸原理之外，后面的专栏还会告诉大家，水有什么神奇的特性！

水的三态变化

跟柯南一起学习水是怎么从液体变成固体，又是怎么从液体变成气体的吧。

冰⇄水⇄水蒸气

自从地球上有生命诞生以来，水与空气就一直存在。虽然大家平时很少关注它们，不过如果没有它们，世上的生物是无法生存的。

其实你只要仔细观察，就会发现水具备很多不可思议的特性。例如，水可以让物质溶解。正因为水的这个特性，人和动植物才能吸收必需的营养；同样也因为水的这个特性，人和动植物才能把体内的废物（又称“老废物质”）以排汗或排尿的方式排出体外。

水在常温下呈液态，当温度低于 0℃的时候会结冰，高于 100℃的时候就会蒸发成气体，也就是水蒸气。冰、水、水蒸气这三种状态相互转换的现象称为“水的三态变化”。除了水以外，还有很多物质也跟水一样，由于温度升高而进行固体→液体→气体的三态变化※。

关于“℃”

大家都知道“℃（摄氏度）”是温度计量单位吧？这个单位是由天文学家安德斯·摄尔修斯在 1742 年提出的，他将水在 1 标准大气压时凝固和沸腾的温度分别定为 0℃与 100℃。不过，除此之外还有一种温度计量单位“℉（华氏度）”，50 ℉等于 10℃。

※ 有关物质的三态变化在第 54~55 页的专栏中有讲解，大家不妨翻回去看看！

水的三态变化

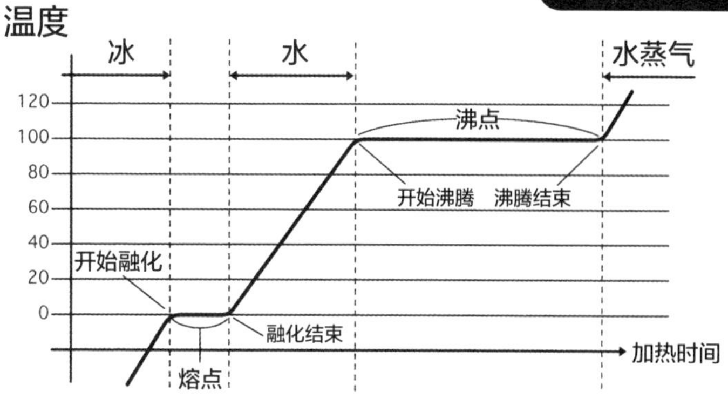

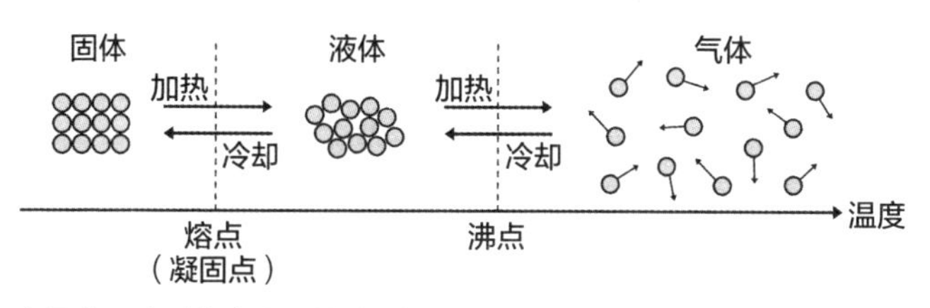

水是由一种叫作水分子的微小粒子聚集在一起后，形成的一种物质。当水处于液态的时候，水分子可以进行一定程度的自由运动；而当水变成水蒸气以后，水分子会更加自由地运动。当水变成冰以后，水分子就没法自由运动了。

熔点、凝固点与沸点

假设我们不断加热一个固体，那么这个固体开始熔化的温度就称作“熔点”。相反，如果我们不断降低液体的温度，那么液体开始凝固的温度就称作“凝固点”。也就是说，同一物质的熔点和凝固点是相同的。另外，液体开始沸腾的温度被称为“沸点”。

物质在达到熔点与沸点的时候，温度会在一段时间内维持不变。正是因为这样，我们才可以很容易得知物质的熔点和沸点。

水往低处流

水有重量，因此会受重力影响而往低处流。

但在某些情况下水是会往高处流的。举例来说，如果我们把纸巾的一角浸在水里，就会发现水会慢慢往没有浸在水里的部分扩散，对不对？这个现象就叫作“毛细管作用”，这是因为水具有在细管状物体中沿缝隙上升的特性。

雨水到哪里去了？

大家可以试着在下雨天观察马路上雨水的流向，看看马路中央的雨水是不是会往两侧的水沟里流。这是因为马路虽然看起来平坦，但实际上两侧的地势比较低。

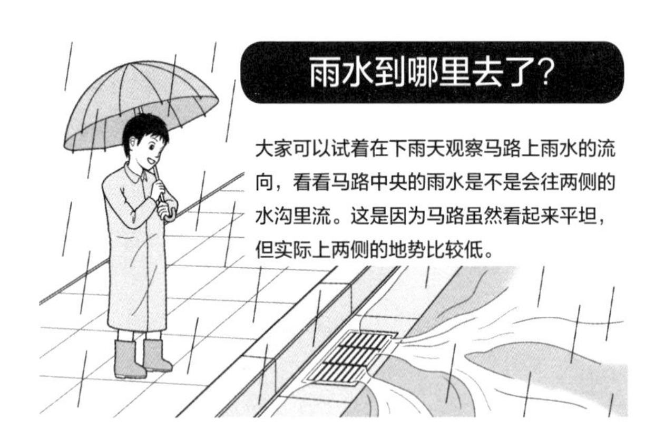

栖息在“浮冰之海”中的生物

在温度达到 4℃的时候水的密度是最大的，所以就算海面上结冰了，海面下的水温也是高于 0℃的。因此，生物能够栖息在充满浮冰的海里。

水的特性①

大家一起来学习水不可思议的特性！

酸性、碱性与中性

水能够溶解许多物质，而某种物质溶于水后产生的液体就称为“水溶液”。水溶液可以分成酸性、碱性与中性三种，像醋、柠檬汁这类味道偏酸的液体属于酸性水溶液，而味道偏苦的液体就属于碱性水溶液。中性则处于酸性与碱性之间，像盐水或糖水之类的液体都是中性水溶液（有些水溶液可能含有对人体有害的物质，所以千万不要用尝味道的方式来分辨）。

当我们将酸性水溶液与碱性水溶液混在一起，两者的性质就会产生互相抵消的化学反应，我们将这种反应称为“中和反应”。利用中和反应，可以将酸性的水溶液或碱性的水溶液变成中性。

利用紫莴苣制作酸碱指示剂

我们常用酸碱指示剂判断水溶液的性质。只要有紫莴苣，谁都可以轻松做出酸碱指示剂。

做法很简单，将紫莴苣撕碎后放进透明塑料袋里冷冻，等到紫莴苣冷冻后，把塑料袋从冷冻室拿出来，揉搓出紫色液体就可以了。紫莴苣的汁液中含有一种叫作花色素苷的成分，将它滴在酸性物质上就会变红，滴在碱性物质上就会变成黄绿色。大家试着用自己做的指示剂来检测一下身边的水溶液分别属于什么性质吧！

② 测试酸碱度

利用滴管将指示剂分别滴进柠檬汁和洗发水中，看看它们会变成什么颜色。

① 揉搓紫莴苣

将冷冻的紫莴苣细细揉搓，等到其流出紫色液体之后，指示剂就做成了。

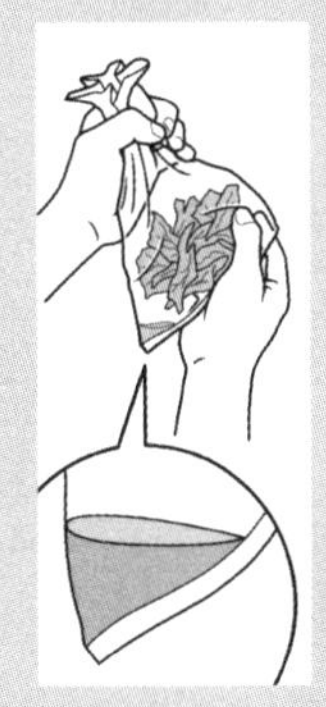

水的对流

热的传播方式有辐射、对流和传导三种。例如，把热水倒进茶杯以后茶杯会变热，这就是传导。那么，水在加热的时候又是怎么受热的呢？

在本书第 52 页中我们曾经学过，空气之所以会形成对流，是因为热空气变轻而上升，导致底下的冷空气补充进来而形成的现象。在加热水的时候，同样是运用对流原理让水受热的。

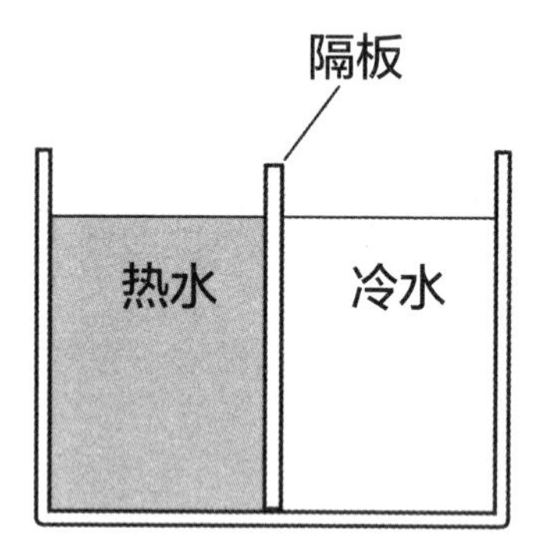

热水往上，冷水往下！

本书中介绍过，只要把热水跟冷水分别装在隔开的水槽两边，就能够观察到水的对流现象。当我们拿掉水槽里的隔板时，就会发现冷水开始朝水槽底部流动，而热水会朝水槽上方扩散开来。现在，大家应该知道冷水比热水要重了吧？

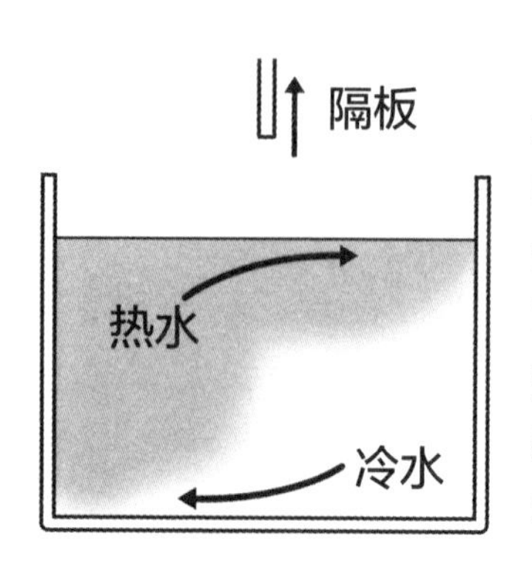

※ 要做出一片完全符合水槽尺寸的隔板并不简单，如果没办法完成的话，可以参考前面的彩页，想象一下实验过程。

水的表面张力

水蜘蛛为什么能够浮在水面上呢？其中的秘密就在于水的表面张力。

水是由一种名叫水分子的微小粒子聚集而成的，这些粒子会吸住彼此，让水的表面积减少，这就叫“水的表面张力”。水滴之所以呈圆形，也是因为受水的表面张力的影响。水蜘蛛的脚底构造能防水，所以当水蜘蛛的脚踏上水面时，水面就会凹陷。但水有表面张力，水分子为了减少因凹陷而增加的表面积，就会开始不断往回推水蜘蛛的脚，这样水蜘蛛就可以浮在水面上了。

用一元硬币来做有关表面张力的实验

因为一元硬币的密度比水要大，所以会沉入水中。但如果我们把硬币轻轻平放在水面上，硬币就会因为水的表面张力而浮起来！

①让硬币浮在水上

跟朋友猜拳决定好顺序以后，就轮流试着让硬币浮在水面上吧。先让硬币沉下去的人就输了！

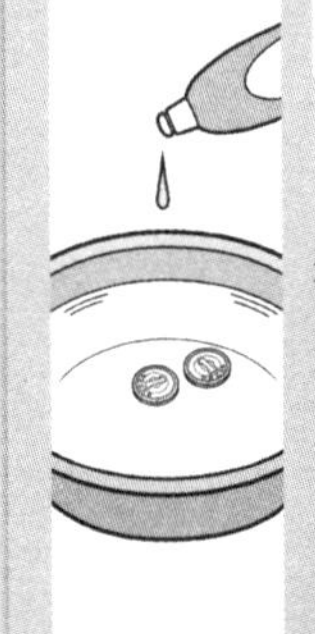

②滴入清洁剂

接下来，可以在浮着硬币的水面上滴入几滴清洁剂试试。这时大家会发现，明明没有人碰到水盆，硬币却自己沉下去了！

※ 清洁剂中含有一种叫作表面活性剂的成分，这种成分会让水的表面张力减弱，因此硬币才会沉入水中。实验中所用的硬币为铝制的日币，直径 20 毫米、厚 1.5 毫米、重 1 克，因为质量很轻，所以能浮于水面。在做实验时，大家也可以找找生活中有什么类似的东西能够代替它。

冰的特性

当水变成冰以后，有哪些特性呢？

水冷冻以后，体积会增加

在第 93 页我们学习过，水里面有水分子在运动，当温度低于 0℃时，水分子会减少运动并彼此吸引而聚在一起，最终凝固成冰。水分子聚在一起时中间会出现空隙，令体积增加。除了水之外，其他的液体在冷冻时体积反而会减少。由此可见，水的确是一种很特别的液体。

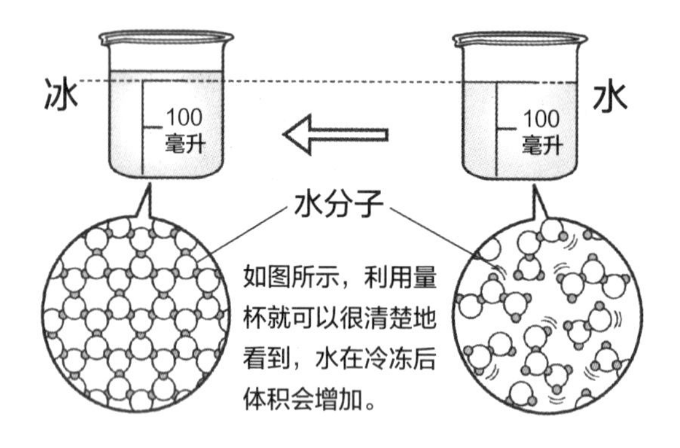

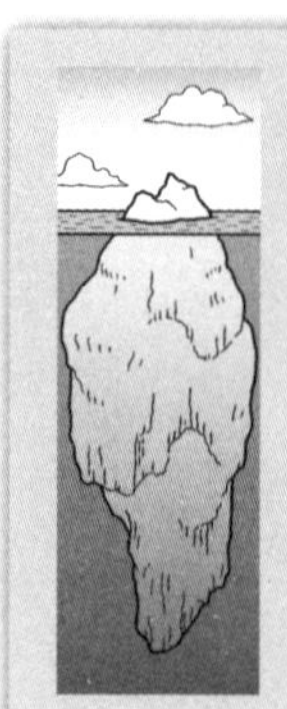

“冰山一角”是什么意思？

虽然冰的密度比水小，但两者之间的密度并没有太大差异。所以，浮在海面上的冰山，其实有更大的一部分是沉在海面下的。“冰山一角”比喻事物已经显露出来的只是一小部分。

浮冰的味道是咸的吗？

漂到日本北海道的浮冰大多是由鄂霍次克海的海水冻结而成的。既然是由海水冻结而成的，那么浮冰的味道应该是咸的吧。事实上，这些浮冰的味道就跟一般的冰没两样。这是为什么呢？

海水在冷冻的时候，海水中的水分子互相吸引。因为水分子只跟水分子相互吸引，所以海水中的盐分在这个时候几乎都被“赶出去”了，浮冰也就没有咸味了。大家可以试着做一做下面的实验，看看水在冷冻时是不是真的会把杂质排除出去！

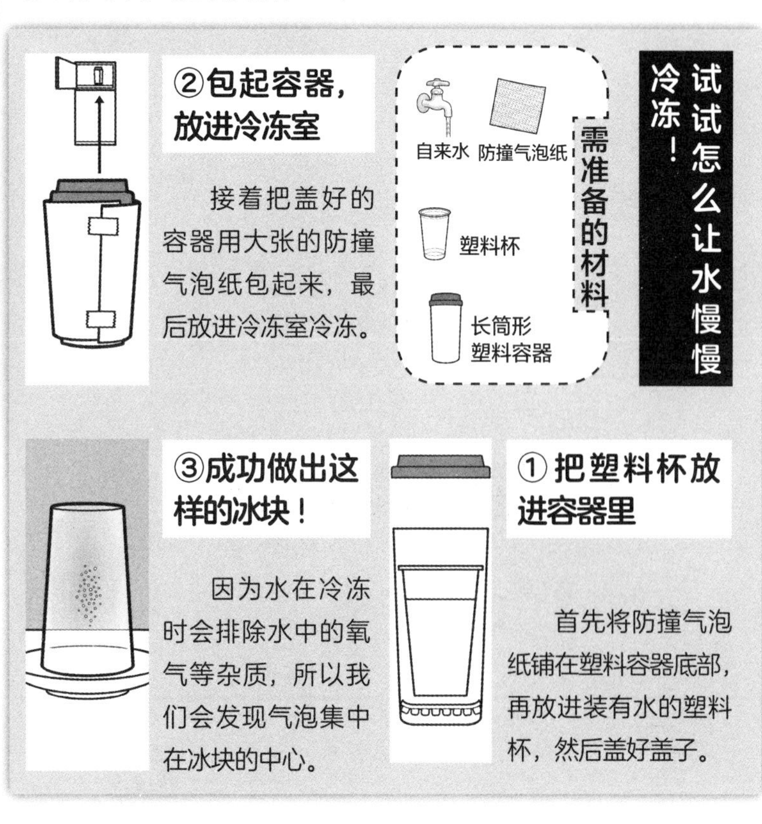

水蒸气的特性

当水变成水蒸气以后，有哪些特性呢？

水蒸气是看不见的！

当我们把水煮沸时，水面就会冒出雾气。依照三态变化的原理来看，很多人认为这些雾气就是离开水面的水变成的水蒸气（气体）。其实，这些雾气是水在变成水蒸气（气体）之后，又被冷却而凝结成的微小水滴（液体）。

水蒸气和空气一样是肉眼看不见的。我们平常看见的雾气，其实是水蒸气重新凝结而成的小水滴。

以正在烧水的水壶为例，图中箭头所指的部分就是水蒸气。

用以驱动火车的水蒸气

水在蒸发成水蒸气的时候，体积会膨胀大约 1700 倍。蒸汽火车就是利用这个原理发明出来的交通工具。蒸汽火车在行进时利用车内的锅炉将水加热至沸腾产生水蒸气，借助水蒸气驱动火车前进。

杯子上的水滴其实是由空气中的水蒸气凝结而成的。

空气中的水蒸气

我们将一杯冰水放在房间里，杯子表面会出现水滴。不过这些水滴可不是从杯子里面渗出来的水。

虽然我们的肉眼看不见，但空气中其实是含有水蒸气的。这些水蒸气接触到装了冰水的杯子，表面就会被冷却，重新凝结成液体。也就是说，这些水滴其实就是空气中的水蒸气凝结成液体后的模样，我们把这种现象称为“结露现象”。

在富士山的山顶，沸水的温度大约只有 90℃。

水烧到约 90℃就沸腾了？

通常水在温度达到 100℃的时候开始沸腾变成气体，这是因为水中的水分子在高温下剧烈运动，突破水面上的气压离开了水面。

前面我们说过气压在高处会变低，这就表示水在高山上不需要到 100℃就能变成气体离开水面。举例来说，如果我们在山上烧水，只要将水烧到约 90℃时就会沸腾。

如果用压力锅来烧水，水温达到大约 120℃时才会开始沸腾。

水烧到约 120℃才沸腾？

在气压高的地方，水要是没有烧到 100℃以上就不会沸腾。压力锅就是利用这个原理制造出来的烹饪器具。它可以将水蒸气密闭在锅里，并增加锅里的气压，让水的沸点提高到约 120℃。如果想让米饭快点儿熟的话，那么用压力锅来煮就可以了。

水越深的地方，水压就越大

气压是指“单位面积※”上所承受的空气重量。同样的，水压就是指“在水中，单位面积上所承受的水的重量”。我们平常感受不到气压的存在，但水比空气要重，因此就算是在浴缸里泡个澡，我们也能感受到水压的存在。

在静止的水中，水压与深度是成正比的。这就表示，要是与水面的距离（这个距离就叫作“水深”）变成两倍的话，水压同样也会提升两倍。

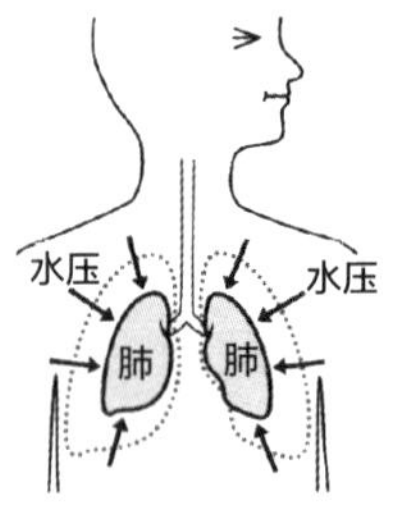

潜水的时候，可能因为肺部受到水压压迫而感到呼吸困难。

潜水的世界纪录有多深？

潜水时，要是潜得太深的话，人可能因肺部遭到水压压迫而感到呼吸困难，进而有生命危险。一般而言，人能潜到 30 米左右的深度。但受过训练的运动员则不同，在 2010 年，就曾有人创造了潜水 124 米的纪录。

载人深潜器“深海 6500”

“深海 6500”是一艘载人深潜器，它可以潜到 6500 米深的海底，是目前世界上潜水深度较深的深潜器之一。“深海 6500”的外壳使用钛合金材料制成，可以承受海底巨大的水压，现在这艘深潜器依然在执行追踪深海生物的任务。

※ 单位面积指以“一平方厘米”或“一平方米”等来作基准的面积单位。

就算被割破也不会漏水的塑料瓶

大家可以试着将割出一条缝儿的塑料瓶装满水并拧紧瓶盖，就可以发现塑料瓶不会漏水。

① 将塑料瓶割开

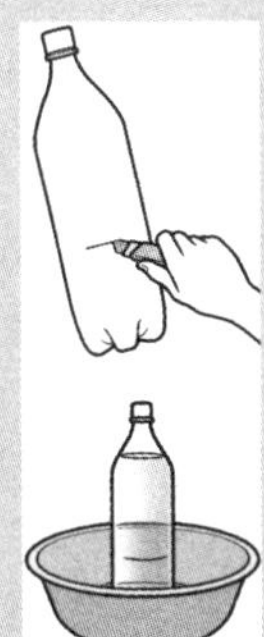

我们将侧面割出一条缝儿的塑料瓶装满水，拧紧瓶盖后将它立在空盆里。看看水会不会流出来。

② 用手压裂缝的上缘

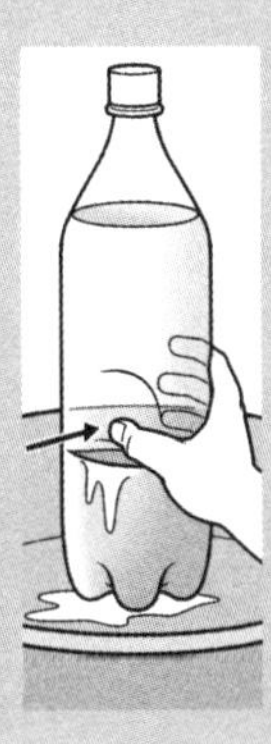

用手指按压裂缝处，这时我们会发现，瓶身凹陷下去的同时水会流出来，但稍后就不会再有水流出来了。

需准备的材料

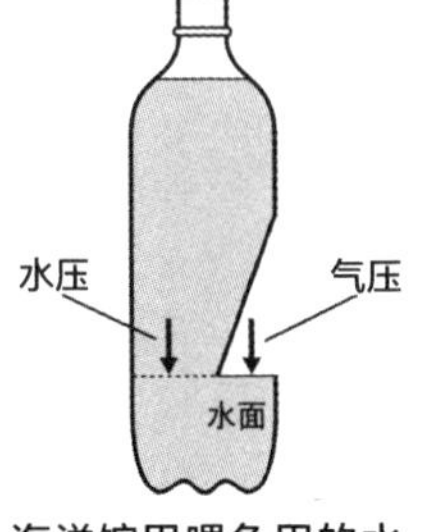

海洋馆里喂鱼用的水槽就是应用了这个原理，让水不会流出来。

挤压瓶身水不会流光的原因

为什么我们按压裂缝处的时候，水不会流光呢？这是因为当我们按压裂缝上缘的时候，底下露出来的水面会被气压压得无法动弹。另外，塑料瓶中比切口凹陷处更高位置的水，水压比气压小，在这种状态下水无法持续地流出来。

※ 这部分内容，大家可以与第 70 页的漫画部分对照着一起看。

什么是浮力？

水有能让物体浮起来的力量，我们称之为『浮力』！

水能让物体浮起来！

假设我们面前有一块长 10 厘米、宽 10 厘米、高 10 厘米的铁块和同样大小的木块，铁块的重量是 7.8 千克，木块的重量是 0.5 千克。如果我们把这两个物体同时放入水中，就会发现木块浮起来了，而铁块沉下去了。这是为什么呢？

解开这个谜题的人是古希腊科学家阿基米德。阿基米德发现“水中的物体排开多少重量的水，就会受到多少浮力”。举例来说，一个长10 厘米、宽10 厘米、高 10 厘米的物体可以排开 1 千克重的水，那同样大小的物体，在水中的重量就会减轻 1 千克。也就是说 7.8 千克的铁块在水中会变成 6.8 千克，0.5 千克的木块在水中会变成负 0.5 千克，所以铁块会沉下去而木块会浮起来。

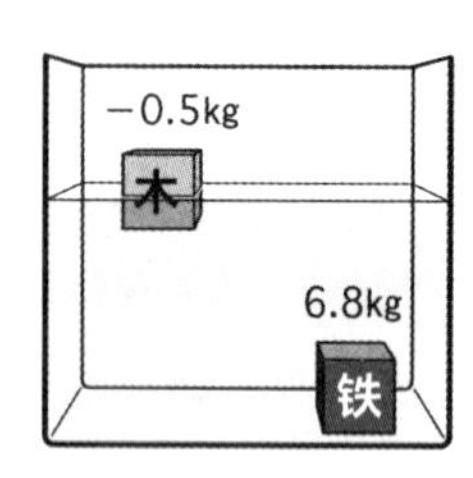

是科学家也是名侦探！

相传，国王请人制作了一顶纯金皇冠，但是他怀疑工匠偷工减料，于是便委托阿基米德来调查。

为了查明此事，阿基米德首先准备了一块跟皇冠一样重的金块。因为白银比黄金轻，所以阿基米德认为皇冠里要是混入了白银，体积一定会比他准

重量相同的物体受到的浮力不一定相同！

在上一页我们说过，同样大小（体积）的物体，会受到同样大小的浮力。换句话说，即使重量相同，体积越大的物体所受到的浮力就越大。为了证明这一点，我们现在用马铃薯和圆白菜来做一个实验。

首先准备一个马铃薯，并量出马铃薯的重量，然后再用菜刀将圆白菜切开，用秤称出跟马铃薯一样重的分量。这时我们将两者比较一下，是不是发现马铃薯的体积比较小呢（图①）？

我们把马铃薯和圆白菜放进装满水的盆里，就会发现马铃薯会沉入水底，而圆白菜则浮在水面上（图②）。现在大家就可以很清楚地知道，两个重量相同的物体所受到的浮力会因为物体的体积大小而不同。

阿基米德是因为看到浴缸里的水溢出来，才发现浮力的存在。

备的金块要大（举例来说，重量相同的马铃薯和圆白菜相比，一定是圆白菜的体积比较大）。

阿基米德还准备了两个装满水的容器，分别放入皇冠与金块。之后他分别测量两边各溢出了多少水。最后，他发现放入皇冠的容器溢出来的水比较多。于是，工匠的诡计被揭穿了。

把水里的杂质过滤掉

大家一起来学习怎么去除水里的杂质吧！

什么是过滤？

我们把泥巴丢进水里搅拌，水就会变成泥水。如果把搅拌完的泥水放上一阵子，大家就会发现颗粒越大的泥块沉到杯底的速度越快，而细小的泥沙则要花上好长一段时间才会沉下去。

想让泥水变回原来清澈的模样，就需要滤纸登场了。只要利用空隙较小的滤纸，就能滤掉水中的泥沙，让水重新变得清澈。利用滤纸去除水中杂质的过程就叫作“过滤”。

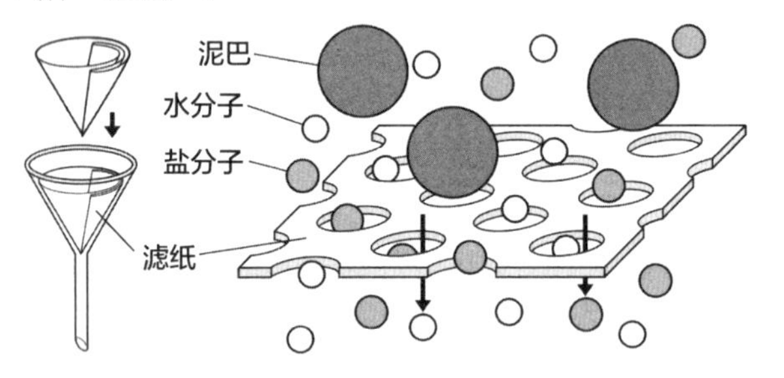

虽然滤纸能过滤掉水中的泥沙，但是却过滤不掉像盐这种溶于水的物质。

制作透明辣椒酱

将 2~3 张滤纸叠在一起，过滤塔巴斯科※辣椒酱，就能做出颜色透明、味道一样辣的神奇辣椒酱了。因为辣椒酱里红色的成分会被滤纸过滤掉，而使其产生辣味的成分则会保留，所以才会有这种现象发生。

※ 塔巴斯科辣椒酱是由美国 McIlhenny 公司注册的商品。

携带式滤水器

据说，只要保证足够的水分和充足的睡眠，人类就算两三个星期不吃东西也能活下去。但要是一滴水都不喝，顶多只能活 4~5 天。

为了避免在灾害发生时没有水喝，平时在家里准备一些饮用水以防万一是很有必要的。不仅如此，在遇到无法确保水源干净的情况时，携带式滤水器就派上用场了。

携带式滤水器可以在商场或网上买到。这种携带式滤水器里装了活性炭等材料，能够将污水过滤成饮用水。不过这毕竟是危急时刻才用的东西，平时可别随便乱拿它来过滤脏水饮用。

将雨水变成饮用水

如果在灾害发生的时候手边没有干净的饮用水，也没有携带式滤水器，那该怎么办呢？下面要教大家怎么把雨水变成饮用水！

准备好空塑料瓶与空锅，将塑料瓶装满雨水之后放置一段时间，让水里的杂质全部沉淀到瓶底。等到杂质都沉下去以后，再将上面的清水倒进锅里，再把水煮沸就行了。

之所以要把水煮沸，是因为高温可以杀死水中的一些细菌。因为这个方法并不能处理掉所有污染物，所以只有遇到紧急状况时才能使用。

不是水也不是冰的物质

凝胶状与溶胶状物质到底是什么样呢？

凝胶状物质

我们知道物质有固体、液体及气体三种状态，但是除了这三种状态以外，物质还有一种类似于凝胶的状态。

所谓的凝胶状物质，就是指像果冻、豆腐之类的东西。因为果冻和豆腐既没有固体的硬度，又不像液体一样没有固定形状，所以我们必须得帮这些东西取一个新的名称，于是就有了“凝胶”这个名字。

溶胶状物质

已经成形的果冻是凝胶状物质，那么果冻刚做好时的浓稠状态又叫作什么呢？答案是溶胶状物质。

常被人们当成甜点来食用的果冻，其实是将魔芋溶进液体之后凝固而成的食物。要让魔芋溶于液体就必须先将液体加热，我们把这个状态下的魔芋溶液称为溶胶状态，也叫“胶体溶液”。只要把做好的魔芋溶液放进冰箱冷藏，魔芋溶液就会凝固成凝胶状，变成好吃的果冻。

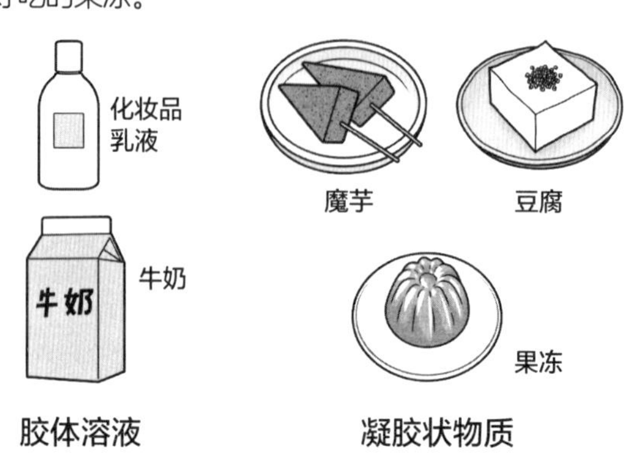

大家一起来制作凝胶！

“制作史莱姆”是特别受欢迎的实验之一，触感 Q 弹的史莱姆简直是太惹人喜爱了！那么，我们现在就来准备实验需要的材料吧！

①制作染色剂

为了做出色彩缤纷的史莱姆，首先要准备的就是染色剂。先在塑料杯里倒入 100 毫升水，再将颜料挤进水里，之后加入 10 克硼砂搅拌均匀（硼砂可以在药店买到）。

硼砂是很危险的有毒物质，在做实验的时候切记身边一定要有家长陪同！

②加入其他材料

接着在另一个塑料杯中倒入 100 毫升的胶水和水，用筷子搅拌均匀。最后，把步骤①做好的染色剂倒进去继续搅拌。要注意如果搅拌得不够快的话，杯子中的物质就会变硬，就不会变成凝胶状。

※ 如果不慎误食硼砂有中毒的危险，硼砂绝对不可以放进嘴里！
史莱姆做好之后记得要把它放进透明塑料袋里，尽量不要用手直接触碰。

水中含有空气

不只是白糖和盐可以溶于水，连空气也可以溶于水！

空气可溶于水

鱼在水里是怎么呼吸的呢？难道是直接从水里吸收氧气吗？没错！水里含有供鱼类维持生命所需的氧气和它们排出的二氧化碳。而生长在水中的水草在白天有阳光的时候会吸收二氧化碳来进行光合作用※，并且释放出氧气。水草所排出的气体能溶于水中。

每种气体的溶解度不同

在上文中，我们了解了氧气与二氧化碳可溶于水，但每种气体在水里能够被溶解的程度都不同。例如，二氧化碳就比氧气更易溶于水，这种易溶程度我们就称为“溶解度”。氯化氢、氨气等都是溶解度较高的气体，溶解度最低的气体是空气中占比最高的氮气。氮气几乎不溶于水。

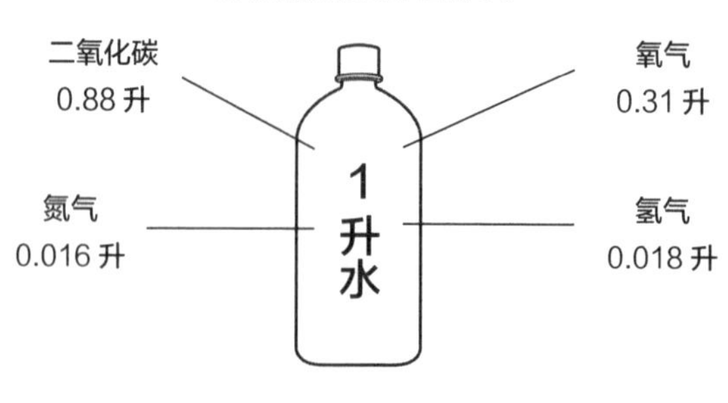

※ 有关光合作用的知识可以翻回第40页复习一下。

让汽水变得更好喝的秘诀

大家是不是觉得凉汽水比常温汽水更好喝呢？要让汽水变得更好喝的第一个秘诀就是——冰镇过再喝。

可是，只让汽水变凉是不够的，我们把喝剩的汽水放到冰箱里冷藏，过两三天之后一样会失去原来的风味。这是因为此时汽水里的二氧化碳变成气体跑出去了。所以说，要让汽水变得更好喝的第二个秘诀就是——不要让汽水里的二氧化碳跑掉。

我们在第 43 页里说过，为了“关住”汽水里的二氧化碳，必须用圆形塑料瓶来装才行。但是一旦打开汽水瓶，瓶里的压力就会迅速下降，导致瓶里的二氧化碳跑了出来。为了防止这种情况发生，我们可以使用一种专门防止汽水跑气的盖子。这种专用盖上面有一个空气泵，可以在盖子拧紧之后把空气送进塑料瓶里，以增加瓶子里的气压，让二氧化碳跑不出来。

专用盖上面有一个空气泵，能够防止二氧化碳跑掉。

空气会让冰变白

在第 99 页中我们曾经提过，水里的水分子在冷冻的时候会开始“整理队伍”，把杂质赶出去。

当然，溶解在水里的空气也一样会被赶出去。不过在水结冰的过程中，还是会有空气留在冰块的隙缝里。这些留在冰块里的空气会让原本透明的冰块变白。

火星上也有水？

NASA（美国国家航空航天局）等机构，一直在进行“地球以外的天体是否有生命体存在”的研究。这项研究涉及一个非常重要的关键词，那就是“水”。如果没有水生物就没法维持生命，反过来说，只要有水，就有生命体存在的可能。NASA 在 2011 年的时候曾经对火星的观测相片进行解析，发布了火星上可能有水存在的结论。如果这是事实，那么火星上或许真的有生命体存在。

水是生命之源

水对于生命体来说是一种不可或缺的物质。在数亿年前，地球上大气中的水蒸气开始冷却并化作雨水降落到地表，形成了原始海洋。来自太阳的紫外线和宇宙射线，照射原始还原性大气而形成了氨基酸等物质，再逐渐堆积于原始海洋，海洋中就产生了存在有机分子的“原始汤”，而生命有可能就是从“原始汤”中孕育出来的。除此之外，也有人认为打雷使物质产生了化学变化，所以才有生命诞生。

等待水降临的生物

生物维持生命需要水分，如果遇到干旱等情况时，就无法随时摄取水分。于是生物为了在严酷的环境下存活，不得不进化出各种生存方法。

例如，时常在稻田等处出没的水蚤。刚播完种的稻田里充满了水，对水蚤来说是绝佳的居所，不

水是生命之源

水不仅是生命诞生的源头，同时也是维持生命不可或缺的要素！

人类不喝水只能活 4~5 天！

前文我们曾经提过，在滴水不进的状态下人类只能存活 4~5 天。事实上，人类只要失去超过体重 2% 的水分就会感到口干舌燥、没有食欲、全身不适；要是失去的水分超过体重的 10%，肌肉就开始痉挛，同时肾脏的功能也会变差；一旦失去的水分超过体重的 20%，就有生命危险。

人体含水量随着年龄而改变

婴儿体内的水分含量居然高达 80%！

人体内含有大量的水，水分在人体内所占的比例随着年龄的增长而改变。一个人体内的水分在儿童时期大约占全身的 70%，成年之后就会减少到约 60%~65%。这是因为人在成长过程中体内的脂肪量变多，占去了水分的位置。人体老化会让人体的水分含量减少，因此人在年老之后体内的水分含量会减少到 50%~55%。

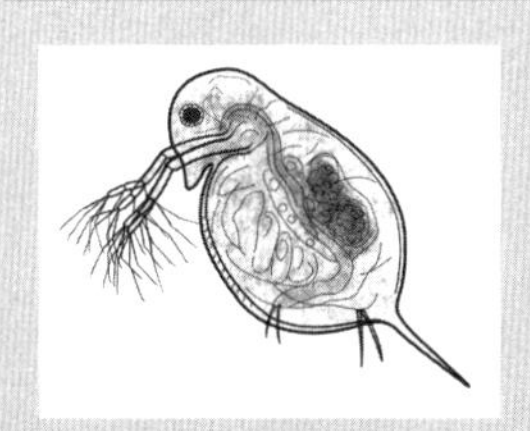

水蚤是虾和螃蟹的同类，身长只有约 2~3 毫米。

过一到收割的季节，稻田里的水会被抽光，使得水蚤无法生存下去。

所以，每到这个季节，水蚤就会产下一种特别的“冬卵”，让生命延续下去。等到来年播种的时候，这些“冬卵”就会孵出新的水蚤宝宝来。

与水相关的谚语

人类的生活和水是密不可分的，所以才产生了许多与水相关的谚语。

例如，在日语里有句俚语叫“水和油”，因为水和油没有办法混合在一起，所以用这句话来比喻两人相处不融洽，这与汉语里的“水火不容”意思相同。日语里还有一句谚语叫“滴水不入”，因为油（亲近的人）跟水（外人）不会混合在一起，所以常用来形容“亲人间感情亲密的样子”。

什么是虹吸原理？

这里为大家详细地介绍在本书第 87 页中提到的虹吸原理。

虹吸的英文是“Siphon”，这个词在希腊文中是“管子”的意思。所谓的虹吸原理，就是指两个不同高度的水面一旦用一根管子连在一起，不论管子的位置是否高于水面，水都会由高处流到低处的现象。给水槽换水时会用到这个原理。虹吸管也是利用这个原理制作出来的器材。

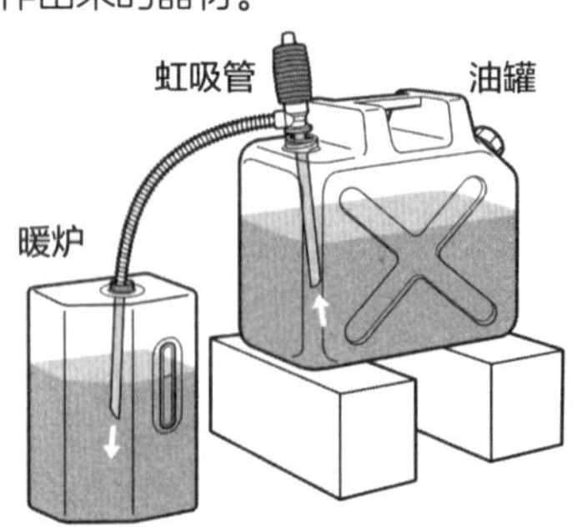

虹吸管的例子

先将装入灯油的油罐放在比暖炉高的位置，按压几下空气泵之后，就会发现灯油会自动流进暖炉中。

在夏季，大家可以试一试洒水降温的效果！

为什么夏天要往地面上洒水？

自古以来人们就有往地面上洒水来降低四周温度、防止灰尘飞扬的习惯。

天气热的时候，只要在地面上洒点儿水，周围的气温就会下降一些。这是因为水在蒸发时会带走周围的热量，我们把这些被带走的热量称为“汽化热”或“蒸发热”。

让东西不会淋湿的“拨水性”构造

字典中对于“湿”这个字的解释是“物体表面沾上水或者被水渗透的状态”，换句话说就是“物体与水接触的状态”。反过来说，如果能把水“拨开”，就能让物体保持不与水接触（不会淋湿），我们把这种特性称为“拨水性”。

大家看过雨后的荷叶吧，雨水会留在荷叶的表面形成一颗颗的水珠，对不对？但是我们把水淋在餐盘上，会看到餐盘上留下的并不是水珠，而是一摊水。

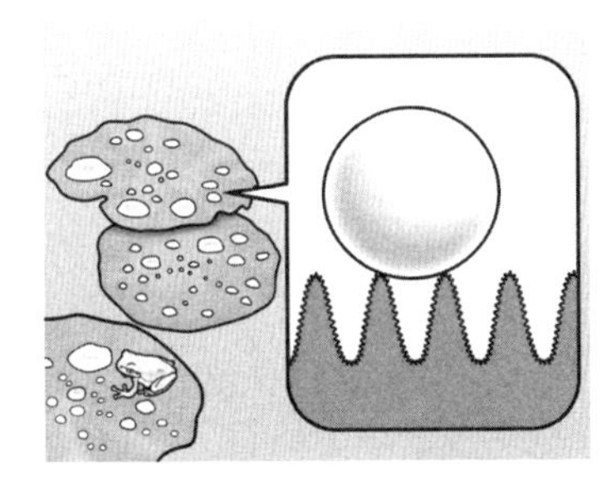

这是将荷叶表面放大之后的模样。

那么，为什么荷叶能够把水“拨开”呢？这是因为荷叶的表面有许多达到微米级的蜡质乳突，而每个乳突上面还有非常多的纳米级颗粒。这就是雨水无法打湿荷叶的秘密。粗糙的表面反而比光滑的表面防水，是不是很不可思议呢？其实雨伞等雨具所用的防水材料，也是模仿荷叶的构造而设计出来的。

自然科学的基本调查方法

在我们周围藏着许多有关自然科学的秘密，那么我们应该如何把这些秘密挖掘出来呢？

①寻找问题

为什么我们能看见彩虹？植物是如何生长的？为什么我们能听到声音呢？

大家试着把平时感到困惑的地方写在笔记本上，要知道“为什么”可是科学研究中最重要的关键词！

②制订研究计划

接着，就可以制订研究计划了。该用什么方法解答这些疑问呢？当大家从书籍、网络中找到可行的方法以后，最好先让家长看看这些方法是否安全。

③做好准备

做好计划后，就可以准备实验时要用到的道具了。为了安全起见，要让家长检查过后才可以开始实验。在实验过程中最好能留下照片，或者把结果记录在笔记本上，这样在汇总研究结果的时候比较方便。

④-❶ 通过观察来找出真相

我们可以通过观察来了解空气与水相关的秘密。在观察的时候，不要忘记用照片记录下观察对象，并将观察日期与条件（例如场所、天气等）记在笔记本上。还有，外出一定要有家长陪同！

④-❷ 利用实验找出真相

实验时，不要忘记在笔记本上写下实验记录，例如日期、实验过程（改变长度、测量温度的过程）等。如果结果和预想的不同，就试着找出原因吧！记得在做实验的时候，一定要有家长陪同！

⑤ 汇集整理结果

实验主题：施力与弹簧变形程度的关系

20XX 年 XX 月 XX 日

目的与预想：

在弹簧上施加越大的力，弹簧就会拉得越长。由此可见，弹簧的延伸是有规律的。这次我们要调查的就是弹簧的延伸程度与力的关系。

准备：

弹簧、直尺、10 克砝码 8 个、三脚架

三脚架
弹簧
直尺
砝码

方法：

1. 用三脚架固定住弹簧
2. 将弹簧末端与直尺的 0 厘米处对齐
3. 慢慢增加砝码，观察弹簧的延伸程度

结果：

增加一个 10 克重的砝码所测量出来的结果

对弹簧施力（克）

弹簧延伸程度（毫米）

增加的重量	0	10	20	30	40	50	60	70	80
伸长的长度	0	7	13	21	28	36	42	48	56

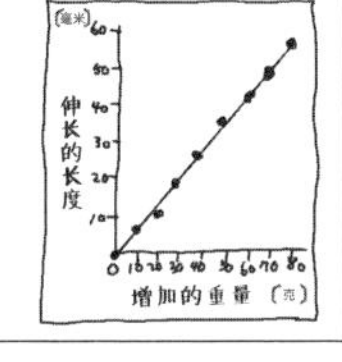

发现：

从图表中可以知道，对弹簧施力越大，其延伸程度也会以等比例增加。

感想：

要固定好弹簧，让它不会因为砝码的增加而移动实在很难。下次我们可以改用纸或塑料来当实验对象。

- 题目、日期
- 目的与预想→写下实验或观察的目的以及自己预想的结果。
- 准备→事前准备好所需要的道具。
- 方法→列出实验时的所有步骤，让其他人也能进行同样的实验。
- 结果→将实验、观察的结果用图表、照片等形式整理出来。
- 发现→写出自己通过观察得出的结果。
- 感想→“很有趣”之类的感想最好能跟“发现”的部分分开。

观察或实验完成后，就把结果像左图这样汇总成一张表吧！

图书在版编目（CIP）数据

空气与水的秘密 /（日）青山刚昌著；（日）金井正幸绘；灿烛童书译. -- 哈尔滨 ：黑龙江少年儿童出版社，2019.2

（名侦探柯南的科学之旅）

ISBN 978-7-5319-6070-6

Ⅰ. ①空… Ⅱ. ①青… ②金… ③灿… Ⅲ. ①空气－少儿读物 ②水－少儿读物 Ⅳ. ①P42-49②P33-49

中国版本图书馆CIP数据核字(2018)第280061号

黑版贸审字 08-2018-099 号

名侦探柯南的科学之旅

空气与水的秘密

Kongqi yu Shui de Mimi

著 / [日] 青山刚昌　绘 / [日] 金井正幸　译 / 灿烛童书

出版人 / 商　亮　项目策划 / 华　汉　策划 / 鸾远文化　执行策划 / 灿烛童书

责任编辑 / 刘　嘉　特约编辑 / 李璐璐　美术编辑 / 赵　青　陈　迪

出版发行 / 黑龙江少年儿童出版社

地　址 / 哈尔滨市南岗区宣庆小区8号楼　电话 / 0451-82314647

印装 / 北京华联印刷有限公司（010-87110882）

版次 / 2019年2月第1版　印次 / 2019年2月第1次印刷

开本 / 787mm×1092mm 1/32　印张 / 3.75　字数 / 60千字　印数 / 1~10000

ISBN / 978-7-5319-6070-6　定价 / 16.00元

读者信息反馈 / info@idiaoyuan.com　灿烛童书检索 / 0018006010